幸福小"食"光

天天晚餐不重样儿

一次配好一周的晚餐菜单

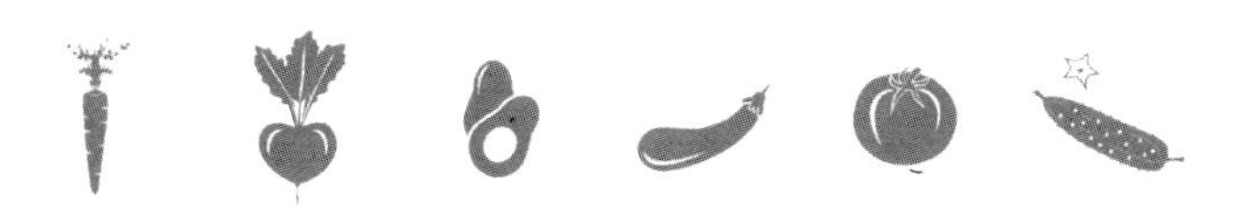

甘智荣 主编

中国纺织出版社

图书在版编目（CIP）数据

天天晚餐不重样儿：一次配好一周的晚餐菜单 / 甘智荣主编. --北京：中国纺织出版社，2017.3
（幸福小“食”光）
ISBN 978-7-5180-3164-1

Ⅰ.①天… Ⅱ.①甘… Ⅲ.①菜谱 Ⅳ.①TS972.12

中国版本图书馆CIP数据核字(2016)第324379号

摄影摄像：深圳市金版文化发展股份有限公司
图书统筹：深圳市金版文化发展股份有限公司

责任编辑：彭振雪　　　　责任印制：王艳丽

中国纺织出版社出版发行
地址：北京市朝阳区百子湾东里A407号楼　邮政编码：100124
销售电话：010－67004422　传真：010－87155801
Http://www.c-textilep.com
E-mail:faxing@c-textilep.com
中国纺织出版社天猫旗舰店
官方微博http://weibo.com/2119887771
深圳市雅佳图印刷有限公司印刷　　各地新华书店经销
2017年3月第1版第1次印刷
开本：710×1000　1/16　印张：10
字数：105千字　定价：39.80元

凡购本书，如有缺页、倒页、脱页，由本社图书营销中心调换

前言

致 周一到周五不想错过晚餐的你

据说，在北方的冬天，最能治愈疲惫的就是洗个热水澡。
听起来，很简单，其实，很贴心，也很实在，
生活中让你觉得最舒服的往往也就是这样一些俗世小事。
星期一到星期五很多上班族都处于忙碌状态，
被工作琐事烦扰的你，也许烦闷，也许忧心，
但是都不能忘记重要的晚餐，
因为酒足饭饱过后忧愁也能暂时烟消云散。
拖着疲惫身体下班的你，
也许并不想天天外食，但却懒得再去买菜，
那么，何不给自己做一顿快捷但是精致的晚饭！
只要周末去一趟超市，来一趟食材大采购，
利用周末事先处理好各种食材，
放入你的冰箱保存好，
那么，下班后只要几个步骤美味就能上桌，
再也不用担心晚餐变宵夜，
也不用担心不能消化，腹部悄悄隆起。
只要有心，只要有准备，
天天在家吃晚饭不再是梦想，
你也可以做一个幸福的省时烹饪家。

CONTENTS 目录

1 Menu 好吃不腻的家常味道

元气美味开启活力一周

采购清单

食材预处理及保存方法

花样搭配

3 Menu 吃肉不长肉的魔法

采购清单

食材预处理及保存方法

花样搭配

爱吃鱼的人的营养餐桌

1
Menu

好吃不腻的家常味道

猪肉是一种既百搭又平价的食材，叉烧肉、小炒肉、酱爆肉片，这些菜是很多人经常吃到的菜，家常风味十足，其喷香的口感，受到很多人的喜爱。这一周将家常菜肴端上餐桌，让你享受一周的花样家常味。

采购清单

主料
猪肉
虾
秋葵
洋葱
豆角
土豆
豌豆
胡萝卜
大白菜
柠檬
冬瓜
山药
香辛料
香菜
葱姜蒜
青椒
红椒
常备材料
鸡蛋
芝麻
白扁豆
枸杞子
茶叶
黑木耳
米饭
面条
橙汁
面粉

[食材预处理及保存方法]

猪瘦肉

饭桌上出现最多的肉类要数猪瘦肉了，洗洗切切，放入冷冻保存袋，解冻后烹饪，使过程变得很简单。

猪瘦肉片

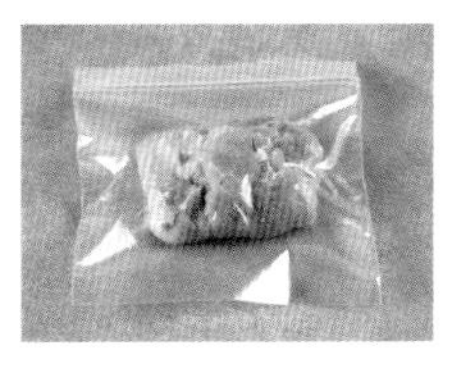

1 将猪瘦肉洗净，切成薄片。

2 按一次使用的分量用保鲜膜包好。

3 放入冷冻保存袋中冷冻保存。

猪瘦肉丝

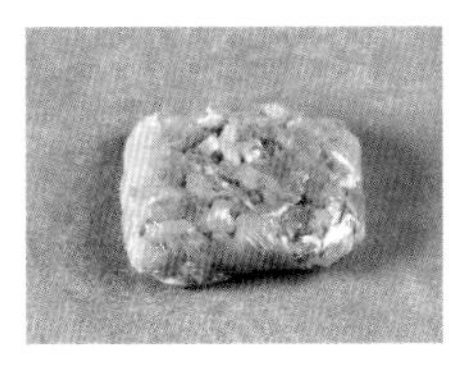

1 将猪瘦肉洗净，切成细丝。

2 按一次使用的分量用保鲜膜包好。

3 放入冷冻保存袋中冷冻保存。

猪瘦肉末

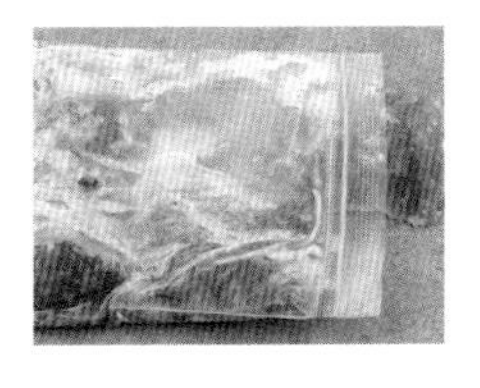

1 将猪瘦肉洗净，剁成肉末。

2 放入冷冻保存袋，用筷子压出直线和横线，成方块状，冷冻保存。

3 取出，解冻后烹饪即可。

猪瘦肉丁

1 将猪瘦肉洗净，切成小丁块。

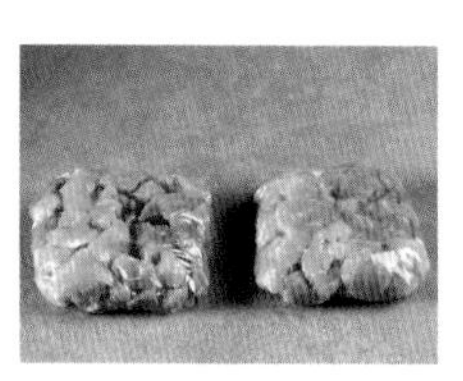

2 按一次使用的分量用保鲜膜包好。

3 放入冷冻保存袋中冷冻保存。

五花肉

猪腹部的脂肪组织多，又夹带着肌肉组织，肥瘦相间，故称“五花肉”，喜欢吃肉的朋友一定不会错过。

五花肉块

1 将五花肉洗净，切成大块。

2 放入备好的玻璃碗中，加入料酒、酱油拌匀腌渍片刻。

3 用保鲜膜包好，放入冷冻保存袋中冷冻保存。

五花肉条

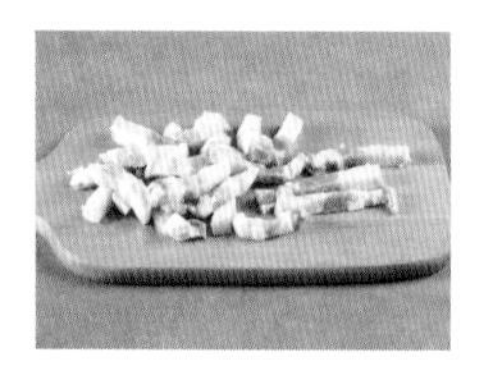

1 将五花肉洗净，切成肉条。

2 按一次使用的分量用保鲜膜包好。

3 放入冷冻保存袋中冷冻保存。

虾

虾经过刀工处理后，放入冷冻保存袋冷冻保存，便于烹饪入味，食用方便。

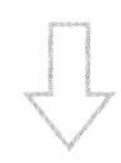

1 将鲜虾洗净，从背部开一刀，去除泥肠。

2 将处理好的虾按一定的间隔摆入盘中，封上保鲜膜，放入冰箱冷冻。

3 将处理好的虾冻硬后取出。

4 再放入保鲜袋冷冻保存。

秋葵

秋葵在较高的温度下，容易黄化及腐败，所以，最好将秋葵用纸包裹，再以一层塑胶袋或保鲜膜包覆，放入冰箱冷藏储存，可以保鲜 2 天。

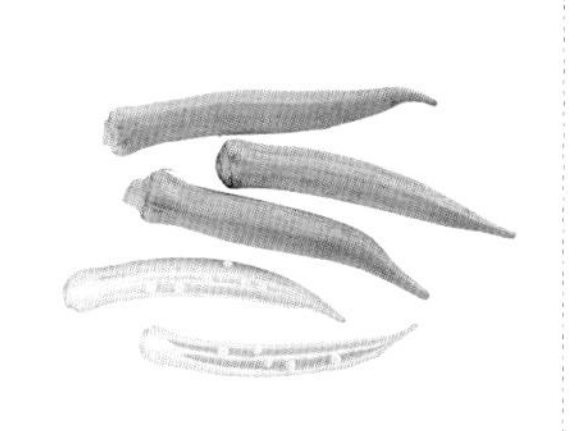

洋葱

可以把洋葱一个个装进不用的丝袜里，在每个中间打个结，使它们分开。然后，将其吊在通风的地方，就可以使洋葱保存好久而不会腐坏。

豆角

买来的鲜豆角，应及时保鲜收藏。一般采用塑料袋密封保鲜，放在阴凉通风的地方保存。温度应保持在 10 ~ 25 ℃，温度过高，会使豆角的水分挥发太快。

土豆

应把土豆放在背阴的低温干燥处，用通气的袋子保存，切忌放在塑料袋里保存，否则塑料袋会捂出热气，让土豆发芽。

豌豆

可以剥开豌豆荚，取其豌豆（千万不要用水清洗），再直接放进密封袋里，密封好以后，平铺整齐，放入冰箱冷冻即可。

胡萝卜

胡萝卜存放前不要冲洗，只需将胡萝卜的“头部”切掉，然后放入冰箱冷藏即可。这样保存胡萝卜是为了使胡萝卜的“头部”不吸收胡萝卜本身的水分，延长保存时间。

柠檬

柠檬放在通风阴凉处，在常温下可以保存一个月左右。切开后一次吃不完的柠檬，可以切片放在蜂蜜中腌渍，日后拿出来泡水喝。

大白菜

如果温度在 0 ℃以上，可在白菜叶上套上塑料袋，不用扎口，或者从白菜根部套上去，把上口扎好，根朝下竖着放即可。

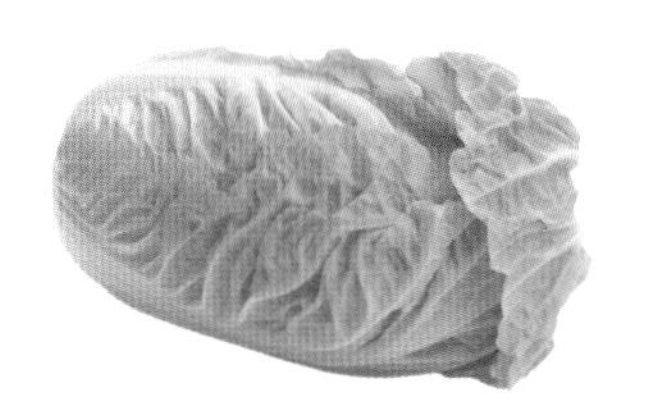

冬瓜

冬瓜切开以后，略等片刻，切面上会出现星星点点的黏液。这时取一张与切面大小相同的干净白纸平贴在上面，再用手抹平贴紧，放在阴凉处，可存放 3 ～ 5 天。

山药

山药购买后如不马上食用，就去皮切块，依每次的食用量以塑胶袋分装，并立即放冰箱急冻。烹调时不需要解冻，水烧开后马上下锅，既方便又能确保山药品质。

花样搭配

烹饪时间
约2分钟

青椒炒白菜

原料 / 1 人份

白菜 120 克
青椒 40 克
红椒 10 克

调料

盐、鸡粉各 2 克，食用油适量

扫扫二维码
视频同步做美食

制作方法

1 洗好的白菜切丝；洗净的青椒、红椒均去籽切丝，备用。

2 用油起锅，倒入青椒，炒匀，放入红椒，炒匀，倒入白菜梗，炒至变软。

3 放入白菜叶，用大火快炒。

4 转小火，加入盐、鸡粉，翻炒匀，至食材入味，关火后盛出炒好的菜肴即可。

POINT

白菜不宜炒制太久，以免破坏其营养。

果味冬瓜

原料 / 2 人份

冬瓜 600 克

橙汁 50 毫升

调料

蜂蜜 15 克

扫扫二维码
视频同步做美食

烹饪时间
约 123 分钟

制作方法

1 将去皮洗净的冬瓜去除瓜瓤，用勺子掏取果肉，制成冬瓜丸子。

2 锅中注水烧开，倒入冬瓜丸子，用中火煮约 2 分钟，至其断生后捞出。

3 吸干冬瓜丸子表面的水分，放入碗中，倒入备好的橙汁，淋入少许蜂蜜。

4 快速搅拌匀，静置约 2 小时，至其入味即成。

POINT

冬瓜丸子不能挖得太大，否则不易入味。

山药炒秋葵

原料 / 2 人份

山药 200 克，秋葵 150 克，青椒、红椒各 20 克，葱花、葱段各适量

调料

盐 2 克，鸡粉 2 克，食用油适量

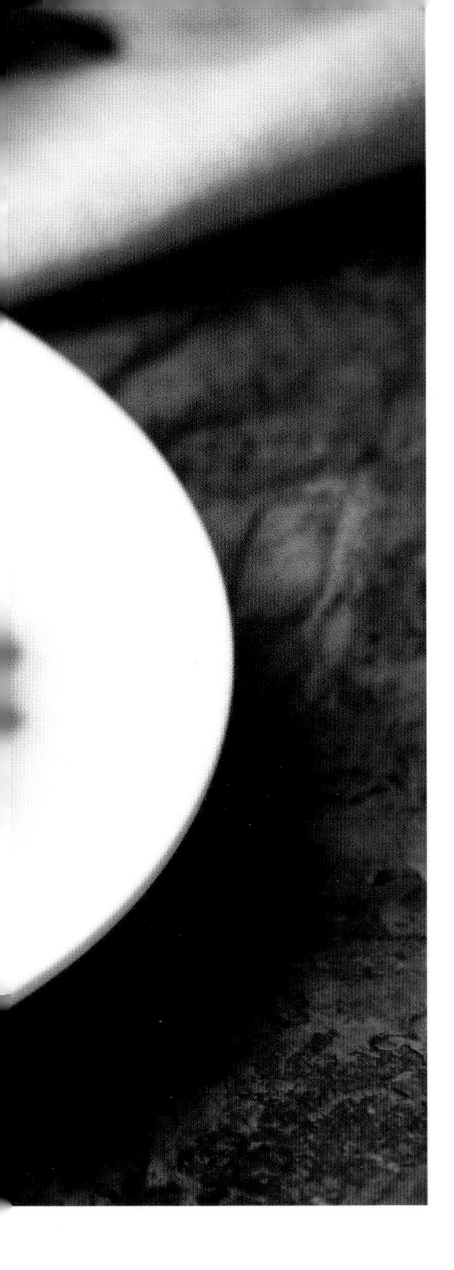

制作方法

1 山药去皮，洗净后切滚刀块；秋葵洗净，斜刀切片；青椒、红椒均洗净，切成小块。

2 锅中注水烧开，放入山药煮至断生，捞出。

3 再放入秋葵煮片刻，捞出。

4 锅中注油烧热，放入青椒、红椒、葱段，炒香，再放入山药块，翻炒片刻，再倒入秋葵，炒至熟软，放入盐、鸡粉，炒入味，撒上葱花炒匀即可。

烹饪时间
约7分钟

POINT

秋葵汆水的时间不宜过长，以免营养流失，半分钟左右为佳。

鲜虾咖喱炒饭

扫扫二维码
视频同步做美食

原料 / 2 人份

冷冻鲜虾 1 包
熟米饭 350 克
豌豆荚适量
豌豆 100 克
红椒 1 根
冷冻猪瘦肉丁 1 小包

（见 P013）

（见 P012）

调料

盐 3 克，胡椒粉 3 克，咖喱粉 15 克，食用油适量

制作方法

1 将冷冻鲜虾及冷冻瘦肉丁解冻；部分鲜虾去头尾，剥去虾壳，取虾仁；红椒切去蒂、籽，切成块。

2 锅中注水烧开，放入豌豆荚、豌豆，焯煮片刻，捞出；放入鲜虾及虾仁，氽至变色，捞出；再放入瘦肉丁，煮至变色，捞出。

3 锅中注油烧热，放入瘦肉丁、豌豆荚、豌豆、红椒块，炒匀，倒入熟米饭，炒散，放入鲜虾、虾仁，炒匀，加入盐、胡椒粉、咖喱粉，炒入味即可。

烹饪时间
约 15 分钟

秘制叉烧肉

原料 / 1 人份

冷冻五花肉条 1 包

姜片 5 克

蒜片 5 克

（见 P012）

调料

叉烧酱 5 克，白糖 4 克，生抽 4 毫升，食用油适量

制作方法

1 将冷冻的五花肉解冻，倒入叉烧酱、白糖、生抽，腌渍片刻。

2 取出电饭锅，打开盖子，通电后倒入腌好的五花肉。

3 放入姜片、蒜片、食用油，搅拌均匀，注入少许清水，煮约 1 小时成叉烧肉即可。

烹饪时间 约 61 分钟

白菜木耳炒肉丝

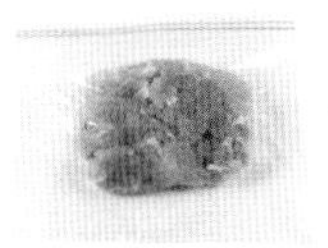

冷冻猪瘦肉丝 1 包

（见 P011）

原料 / 1 人份

冷冻猪瘦肉丝 1 包，白菜 80 克，水发木耳 60 克，红椒 10 克，姜末、蒜末、葱段各少许

调料

盐 2 克，生抽 3 毫升，料酒 5 毫升，水淀粉 6 毫升，白糖 3 克，鸡粉 2 克，食用油适量

制作方法

1 洗净的白菜切粗丝；洗好的木耳切小块；洗净的红椒切条。

2 把冷冻的肉丝解冻，加入盐、生抽、料酒、水淀粉，拌匀，腌渍。

3 用油起锅，倒入肉丝，炒匀，放入姜末、蒜末、葱段，爆香，倒入红椒，炒匀，淋入少许料酒，炒匀，倒入木耳，炒匀，放入白菜，炒至变软。

4 加入少许盐、白糖、鸡粉、水淀粉，翻炒均匀，至食材入味即可。

烹饪时间
约 3 分钟

POINT

白菜不要炒太久，否则容易炒出水，影响口感。

葱爆瘦肉片

原料 / 1 人份

冷冻瘦肉片 1 包
大葱白 80 克
姜片少许

（见 P011）

调料

盐 2 克，鸡粉少许，生抽 3 毫升，水淀粉 10 毫升，食用油适量

扫扫二维码
视频同步做美食

烹饪时间
约 2 分钟

制作方法

1 将冷冻的猪瘦肉片解冻，加入少许盐、鸡粉、少许水淀粉、适量食用油，腌渍；大葱白切片。

2 用油起锅，爆香姜片，倒入腌渍好的瘦肉片，翻炒几下，至其松散、变色。

3 倒入切好的大葱，炒香，转小火，再加入少许盐，淋入少许生抽，炒匀提鲜。

4 翻炒至食材入味，盛入盘中即成。

POINT

大葱的营养物质遇热会流失，最好用大火快炒。

肉酱焖土豆

原料 / 2 人份

冷冻猪瘦肉末 1/4 包
去皮小土豆 300 克
姜末少许
蒜末少许
葱花少许

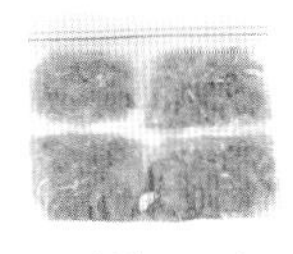
（见 P011）

调料

豆瓣酱 15 克，盐、鸡粉各 2 克，料酒 5 毫升，老抽、水淀粉、食用油各适量

烹饪时间 约 7 分钟

制作方法

1 将冷冻的瘦肉末解冻。

2 用油起锅，爆香姜末、蒜末，放入肉末，炒至变色，淋入少许老抽、料酒、豆瓣酱，翻炒匀。

3 放入小土豆、适量清水，加入盐、鸡粉，煮约 5 分钟。

4 倒入少许水淀粉勾芡，再撒上葱花，炒匀，盛出，装在盘中即成。

POINT

小土豆的表皮不容易去除，可以先将小土豆放入沸水锅中煮至三成熟，这样容易去皮。

速食土豆猪肉锅

（见 P012）

冷冻猪肉丁 1/2 包

原料 / 2 人份

冷冻猪肉丁 1/2 份，土豆 100 克，胡萝卜丁 80 克，姜末、蒜末、鲜汤、香菜各少许

调料

盐 2 克，酱油 15 毫升，白糖 10 克，食用油适量

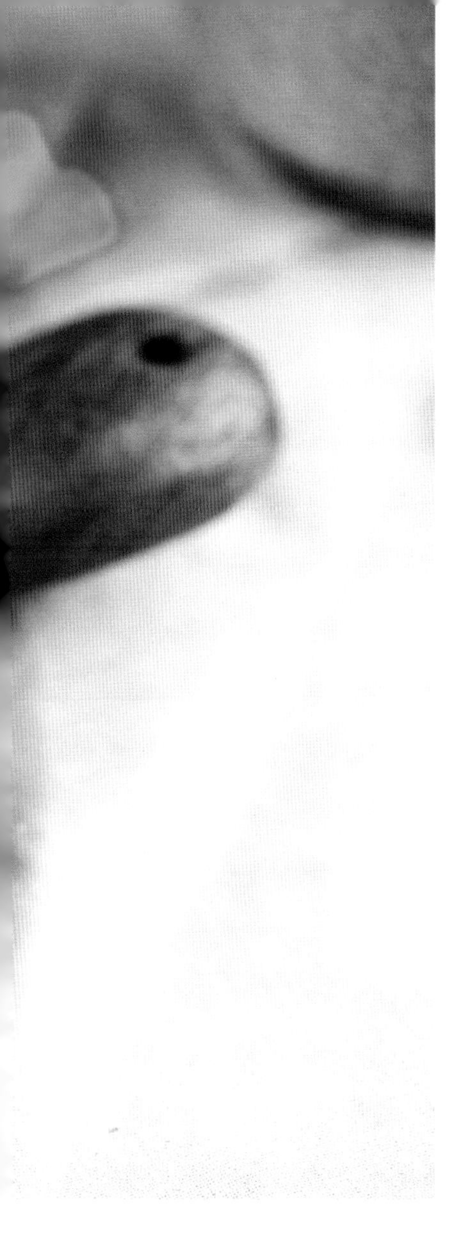

制作方法

1 将冷冻猪肉丁取出，解冻；土豆切丁。

2 用食用油起锅，倒入姜末、蒜末爆香，放入猪肉丁炒香。

3 倒入土豆、胡萝卜，拌炒均匀，放入鲜汤，加入适量清水。

4 淋入酱油，炖煮片刻，撒入盐、白糖拌炒均匀，盛出，点缀上香菜即可。

烹饪时间
约5分钟

POINT

土豆的外形以肥大而匀称的为好，特别是以圆形的为最好。

秋葵炒肉片

原料 / 1 人份

冷冻猪瘦肉片 1 包
秋葵 180 克
红椒 30 克
姜片少许
蒜末少许
葱段少许

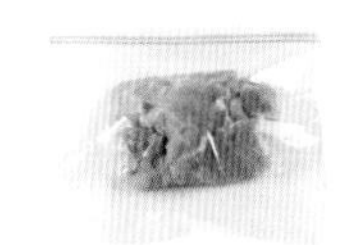

（见 P011）

调料

盐 2 克，鸡粉 3 克，水淀粉 3 毫升，生抽 3 毫升，食用油适量

制作方法

1 将冷冻猪瘦肉片解冻；洗净的红椒切块；洗好的秋葵切段。

2 肉片中放入少许盐、鸡粉、水淀粉、适量食用油，腌渍。

3 用油起锅，放入姜片、蒜末、葱段，爆香，倒入肉片，搅散，炒至变色。

4 加入秋葵，拌炒匀，放入红椒，加入生抽，炒匀，加入盐、鸡粉，炒匀即可。

烹饪时间
约 2 分钟

酸豆角肉末

原料 / 1 人份

冷冻猪瘦肉末 1/4 包

酸豆角 200 克

剁椒 20 克

葱白、蒜末各少许

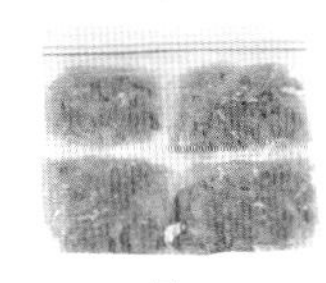

（见 P011）

调料

盐、味精各 3 克，水淀粉 10 毫升，白糖 3 克，料酒 3 毫升，食用油、芝麻油各适量

制作方法

1 将冷冻猪瘦肉末解冻；酸豆角洗净切成丁。

2 锅中加清水烧开，倒入酸豆角、食用油，煮约 1 分钟后捞出。

3 用油起锅，爆香蒜末、葱白、剁椒，倒入肉末炒至变色，加料酒炒匀。

4 倒入酸豆角，翻炒约 1 分钟，加少许盐、味精、白糖、芝麻油炒匀调味，用水淀粉勾芡即可。

烹饪时间
约 3 分钟

辣椒炒鸡蛋

原料 / 1 人份

青椒 50 克

鸡蛋 2 个

红椒圈少许

蒜末少许

葱白少许

调料

食用油 30 毫升，盐 3 克，鸡粉 3 克，水淀粉 10 毫升，味精少许

扫扫二维码
视频同步做美食

烹饪时间
约 2 分钟

制作方法

1 洗净的青椒切成小块；鸡蛋打入碗中，加入少许盐、鸡粉调匀。

2 热锅注油烧热，倒入蛋液拌匀，翻炒至熟，盛入盘中备用。

3 用油起锅，倒入蒜、葱、红椒圈炒匀，倒入青椒。

4 加入盐、味精炒至入味，倒入鸡蛋炒匀，加入水淀粉，快速翻炒匀即可。

POINT

在打散的鸡蛋里放入少量清水，待搅拌后放入锅里，炒出的鸡蛋较嫩。

白灼鲜虾

原料 / 1 人份

冷冻鲜虾 1 包
香葱 1 根
姜片 5 克

（见 P013）

调料

盐 2 克，料酒、生抽各 5 毫升

扫扫二维码
视频同步做美食

烹饪时间
约 6 分钟

制作方法

1 将冷冻鲜虾解冻。

2 锅中注入适量清水烧开，放入姜片，加入洗净的香葱。

3 淋入料酒，煮约 2 分钟成姜葱水，加入盐，放入解冻的鲜虾，煮约 2 分钟至虾变色熟透，捞出煮熟的虾，泡入凉水中浸泡一会儿以降温。

4 将虾围盘摆好，中间放上生抽，食用时随个人喜好蘸取生抽即可。

POINT

可将适量南姜末放入生抽中制成蘸料，这样更具风味。

泰式开胃虾

原料 / 1 人份

冷冻鲜虾 1 包

柠檬 1 个

洋葱 80 克

红椒圈 20 克

香菜少许

（见 P013）

调料

泰式甜辣酱 15 克，白醋、白糖、鱼露各少许

制作方法

1 将冷冻鲜虾解冻，去掉头部、去壳；洋葱洗净切丝；香菜洗净切碎。

2 柠檬洗净,对半切开,一半切成圆片,再对切开,另一半挤出柠檬汁,待用。

3 锅中注水烧开，放入鲜虾，煮熟后捞出，放入冰水中冰镇备用。

4 取 1 个干净的碗，放入泰式甜辣酱、白醋、白糖、鱼露、柠檬汁，拌匀。

5 再放入柠檬片、鲜虾、洋葱丝、红椒圈拌匀，点缀上香菜即可。

烹饪时间
约 8 分钟

鲜虾炒白菜

原料 / 1 人份

冷冻鲜虾 1 包
大白菜 160 克
红椒 25 克
姜片少许
蒜末少许
葱段少许

（见 P013）

调料

盐 3 克，鸡粉 3 克，料酒 3 毫升，
水淀粉、食用油各适量

制作方法

1 将冷冻鲜虾解冻，取虾仁；大白菜洗净切小块；红椒洗净去籽，切小块。

2 虾仁加盐、鸡粉、水淀粉、食用油腌渍；沸水锅中加食用油、盐，倒入大白菜，焯水捞出。

3 用油起锅，爆香姜片、蒜末、葱段，倒入虾仁、料酒、大白菜、红椒，拌炒匀。

4 加入适量鸡粉、盐，炒匀调味，倒入适量水淀粉勾芡，盛出，装入盘中即可。

烹饪时间
约 2 分钟

茶香香酥虾

（见 P013）

冷冻鲜虾 1 包

原料 / 1 人份

冷冻鲜虾 1 包，乌龙茶 20 克，红椒、葱花、蒜末各适量

调料

盐 2 克，干淀粉 10 克，食用油适量

制作方法

1 将冷冻鲜虾解冻；乌龙茶用开水冲泡，滤去茶汤，将茶叶倒入容器中，倒入干淀粉，拌匀；红椒洗净切块。

2 平底锅中注油烧热，倒入处理好的虾，中火将虾炸至红色，捞出大虾，沥干油。

3 锅底留油烧热，倒入红椒块、葱花、蒜末，炒香。

4 再放入茶叶、大虾，炒匀，调入盐，翻炒数下，关火即可。

烹饪时间
约 8 分钟

POINT

炸虾时，一定要把水分沥干，也可用厨房纸巾擦去虾身的水分，以免下油锅时，有水导致油花四溅。

咖喱炒虾

原料 / 2 人份

冷冻鲜虾 2 包

鸡蛋 2 个

（见 P013）

调料

盐 2 克，咖喱 15 克，
食用油适量

烹饪时间
约 10 分钟

制作方法

1 将冷冻鲜虾解冻，剪去须；鸡蛋打散。

2 锅中注油烧热，放入咖喱，炒至融化，放入处理好的鲜虾，炒至变色。

3 再放入鸡蛋，炒散，调入盐，炒匀即可。

POINT

虾肉富含钙、磷等成分，能强健骨质，预防骨质疏松。

芝麻香虾

原料 / 1 人份

冷冻鲜虾 1 包
鸡蛋 1 个
面粉 50 克
黑芝麻 15 克
白芝麻 20 克
柠檬片少许

（见 P013）

调料

盐 3 克，黑胡椒粉少许，姜汁 5 毫升，生抽 5 毫升，料酒 5 毫升，食用油适量

烹饪时间 约 5 分钟

制作方法

1 将冷冻鲜虾解冻，去头、去壳；另备一个碗，打入鸡蛋，搅拌成蛋液。

2 蛋液中放入盐、黑胡椒粉、姜汁、生抽、料酒、面粉，拌匀成面糊。

3 将部分虾蘸上面糊，再蘸上备好的白芝麻；另一部分的虾蘸上面糊，再蘸上黑芝麻。

4 热锅注油烧热，放入处理好的虾，炸 3 分钟至表面金黄，捞起，沥干油分，放上柠檬片即可。

POINT

新鲜的虾头尾与身体紧密相连，虾身有一定的弯曲度。

蒜香虾

冷冻鲜虾 2 包

（见 P013）

原料 / 2 人份

冷冻鲜虾 2 包，蒜末适量

调料

盐、料酒、食用油各适量

制作方法

1 将冷冻鲜虾解冻，剪去须，加入少许盐、料酒腌渍片刻。

2 锅中注水烧开，放入处理好的虾，煮至变色，捞出，待用。

3 锅中注油烧热，放入蒜末炸至金黄色。

4 再放入虾，翻炒匀，调入少许盐，炒入味即可。

烹饪时间
约4分钟

POINT

蒜末要用小火炸，大火容易炸煳。

白菜冬瓜汤

扫扫二维码
视频同步做美食

原料 / 2 人份

大白菜 180 克
冬瓜 200 克
枸杞子 8 克
姜片、葱花各少许

调料

盐 2 克，鸡粉 2 克，食用油适量

制作方法

1 将洗净去皮的冬瓜切片；洗好的大白菜切块。

2 用油起锅，放入少许姜片，爆香，倒入冬瓜片，翻炒匀。

3 放入大白菜，炒匀，倒入适量清水，放入洗净的枸杞子，盖上盖，烧开后用小火煮 5 分钟，至食材熟透。

4 揭盖，加入适量盐、鸡粉，用锅勺搅匀调味，装入碗中，撒上葱花即成。

烹饪时间
约 7 分钟

白扁豆瘦肉汤

扫扫二维码
视频同步做美食

原料 / 2 人份

冷冻猪瘦肉丁 1/2 包

白扁豆 100 克

姜片少许

（见 P012）

调料

盐少许

制作方法

1 将冷冻猪瘦肉丁解冻；锅中注水烧开，倒入解冻的瘦肉块，搅匀汆去血水，捞出，沥干水。

2 砂锅中注入适量的清水大火烧热，倒入备好的扁豆、瘦肉，放入姜片。

3 盖上锅盖，烧开后转小火煮 1 个小时至熟透。

4 掀开锅盖，放入少许的盐，搅拌片刻，使食材更入味，装入碗中即可。

烹饪时间
约 62 分钟

冬瓜虾仁汤

原料 / 1 人份

冷冻鲜虾 1 包
去皮冬瓜 200 克
姜片 4 克

（见 P013）

调料

盐 2 克，料酒 4 毫升，食用油适量

烹饪时间 约 32 分钟

制作方法

1 将冷冻鲜虾解冻，去头、去壳，取虾仁；洗净的冬瓜切片。

2 电饭锅中倒入切好的冬瓜、虾仁、姜片、料酒、食用油、清水，拌匀。

3 盖上盖子，煮 30 分钟至食材熟软。

4 打开盖子，加入盐，搅匀调味即可。

POINT

虾仁背部虾线含有很多脏污和毒素，需事先除去。

南炒面

烹饪时间
约10分钟

原料 / 1 人份

冷冻瘦肉丝 1 包

拉面 160 克

青椒丝 40 克

红椒丝 40 克

姜丝、葱段各少许

（见 P011）

调料

盐、鸡粉各 2 克，胡椒粉少许，生抽 5 毫升，老抽 3 毫升，料酒 5 毫升，水淀粉 8 毫升，食用油适量

POINT

不喜欢太多油的人可以将面条煮熟后过冷水，再炒制。

制作方法

1 将冷冻瘦肉丝解冻，加少许盐、胡椒粉、料酒、生抽、水淀粉、食用油，腌渍片刻。

2 热锅注油烧热，放入拉面，边炸边搅拌，至呈微黄色后捞出，沥干油。

3 用油起锅，倒入肉丝，炒至变色，加入姜丝、葱段，炒香，淋入少许生抽，加适量清水，拌匀。

4 倒入拉面，拌匀，中火焖 4 分钟，放入青红椒丝，加入少许盐、鸡粉、老抽，炒匀即可。

豆角焖面

原料 / 1 人份

面条 200 克，豆角 100 克，红椒、葱花、蒜泥、香菜末各适量

调料

盐、酱油、陈醋、食用油、芝麻油各适量

制作方法

1 豆角洗净去筋，切成小段；红椒洗净，切成丝。

2 碗中加入适量酱油、陈醋、芝麻油，再倒入香菜末、蒜泥、葱花，搅匀成调味汁。

3 锅中注入适量食用油烧热，放入豆角，翻炒，再倒入红椒丝，加入适量酱油、盐炒匀，淋入适量清水。

4 下入面条抖散，铺在豆角上，加少许清水焖制 6 分钟至熟，盛出，淋上调味汁，放上香菜叶即可。

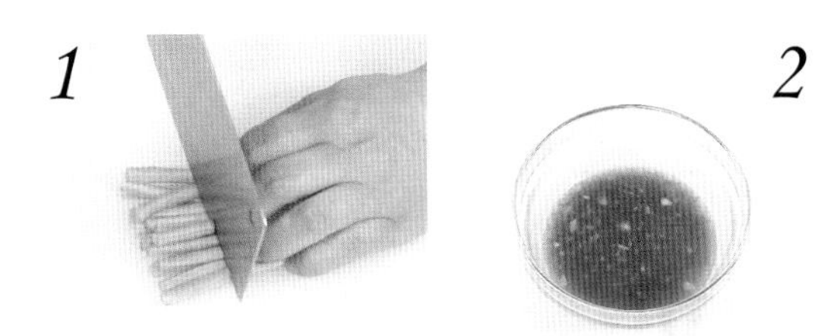

烹饪时间 约 8 分钟

POINT

豆角不易熟，可以适当延长焖制的时间，以防止引起消化不良的反应。

速煮猪肉盖饭

原料 / 1 人份

冷冻猪肉片 1 包

熟米饭 1 碗

洋葱丝、鲜汤、

大葱片、香菜各适量

（见 P011）

调料

盐 2 克，酱油 10 毫升，料酒 10 毫升，白酒适量，白糖适量，食用油适量

制作方法

1 将冷冻的猪肉片取出，解冻。

2 锅中倒入适量食用油，放入洋葱、大葱片翻炒片刻，倒入猪肉片，炒出香味。

3 加入少许盐，淋入适量酱油、料酒、白酒，放入少许白糖和鲜汤，稍煮片刻至入味。

4 备好熟米饭，将煮好的菜肴浇在熟米饭上，点缀上香菜即可。

烹饪时间 约 5 分钟

2
Menu

元气美味
开启活力一周

牛肉一直享有“肉中骄子”的美称，它不仅口感非常好，还具有益气血、补脾胃、强筋骨的功效。这一周，犒劳一下自己和家人，用营养满分的牛肉，搭配其他食材，开启元气满满的一周吧！

采购清单

主料
牛肉
蛤蜊
土豆
西红柿
洋葱
南瓜
豌豆
竹笋
丝瓜
豆腐
海带
百合
香辛料
香菜
葱姜蒜
香叶
朝天椒
八角
干辣椒
常备材料
鸡蛋
面条
红椒
米饭
青椒
火腿
彩椒

[食材预处理及保存方法]

牛肉

牛肉蛋白质含量高，而脂肪含量低，所以味道鲜美，受人喜爱，享有“肉中骄子”的美称。提前处理好，就可以节省烹饪时间。

牛肉片

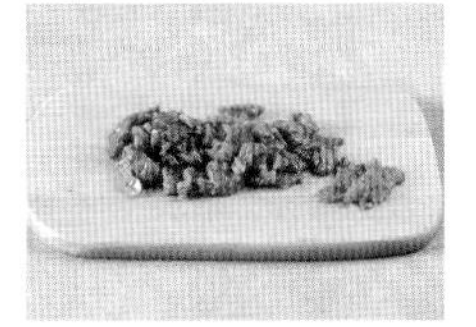

1 将牛肉洗净，切成薄片。

2 按一次使用的分量用保鲜膜包好。

3 放入冷冻保存袋中冷冻保存。

牛肉块

1 将牛肉洗净，切成大块。

2 按一次使用的分量用保鲜膜包好。

3 放入冷冻保存袋中冷冻保存。

牛肉丁

1 将牛肉切成条，再改切成丁。

2 按一次使用的分量用保鲜膜包好。

3 放入冷冻保存袋中冷冻保存。

牛肉丝 

1 将牛肉洗净，切成丝。

2 按一次使用的分量用保鲜膜包好。

3 放入冷冻保存袋中冷冻保存。

腌渍牛肉丝

1 牛肉丝中放入盐，再倒入料酒、酱油拌匀腌渍。

2 再用保鲜膜包好。

3 放入冷冻保存袋中冷冻保存。

牛肉末 

1 将牛肉洗净，剁成肉末。

2 按一次使用的分量用保鲜膜包好。

3 放入冷冻保存袋中冷冻保存。

蛤蜊

蛤蜊肉质鲜美无比，江苏民间还有“吃了蛤蜊肉，百味都失灵”之说，足见其鲜美程度。

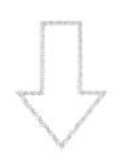

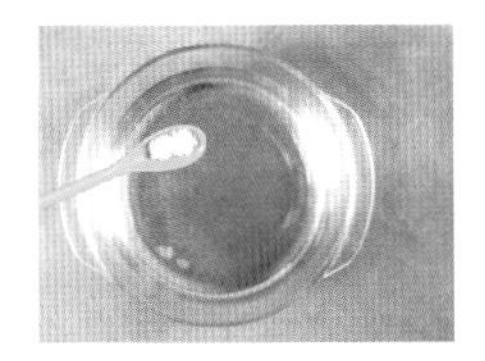

1 取一碗清水，放入适量盐。

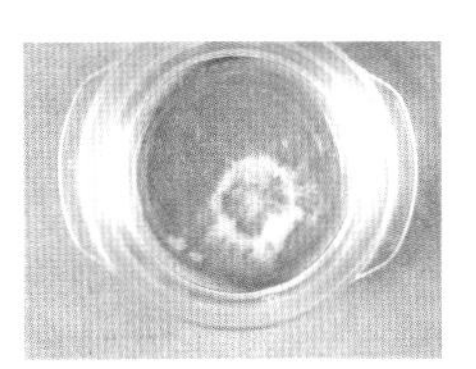

2 用勺子搅拌均匀成盐水（浓度约3%）。

3 将蛤蜊放入盐水中，浸泡半天，使其吐沙。

4 将蛤蜊的表面清洗干净，放入冷冻保存袋中冷冻保存。

土豆

买回来的土豆如果不立即食用，可以放到纸箱中，再在箱子中放进去几个绿苹果，绿苹果散发的乙烯可使土豆在储藏期内保持新鲜。

西红柿

将西红柿蒂头朝下分开装到保鲜袋中。注意：若将西红柿重叠摆放，重叠的部分易较快腐烂，之后放入冰箱冷藏室保存，可保存 1 周左右。

南瓜

南瓜切开后再保存，容易从心部变质，所以最好用汤匙把内部掏空，再用保鲜膜包好,这样放入冰箱冷藏,可以存放5～6天。

丝瓜

丝瓜不宜久藏，可先切去蒂头，再用纸包起来放到阴凉通风的地方冷藏。切去蒂头可以延缓老化，包纸可以避免水分流失，最好在2～3天内吃完。

洋葱

洋葱一旦切开，即使是包裹了保鲜膜放入冰箱中储存，因氧化作用，其养分也会迅速流失。因此，洋葱最好吃多少切多少，尽量避免切开后储存。

豌豆

买的青豌豆夹不要洗，直接放冰箱冷藏。如果是剥出来的豌豆粒，就适于冷冻，但是最好也在一个月内吃完。

竹笋

如有多的竹笋，可直接用保鲜袋装好放入冰箱冷藏，可保存 4 ～ 5 天。或是买回竹笋后在切面上先涂抹一些盐，再放入冰箱中冷藏。

豆腐

买回来的豆腐一次吃不完，可以将豆腐放入淡盐水中浸泡，并放入冰箱保鲜层中，隔两天换一次盐水，可保存 10 天。

海带

将一时吃不完的海带沥干水，每几张铺在一起卷成卷，放在保鲜膜上卷起来，放冰箱中冷冻保存，吃的时候只要拿出一卷化冻就可以直接使用了，此法可保存 3 天。

百合

新鲜百合用保鲜膜封好后置于冰箱中，可保存很长一段时间。

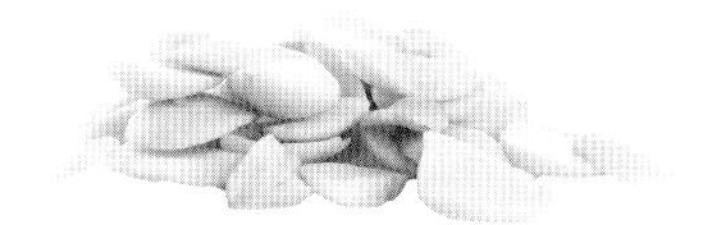

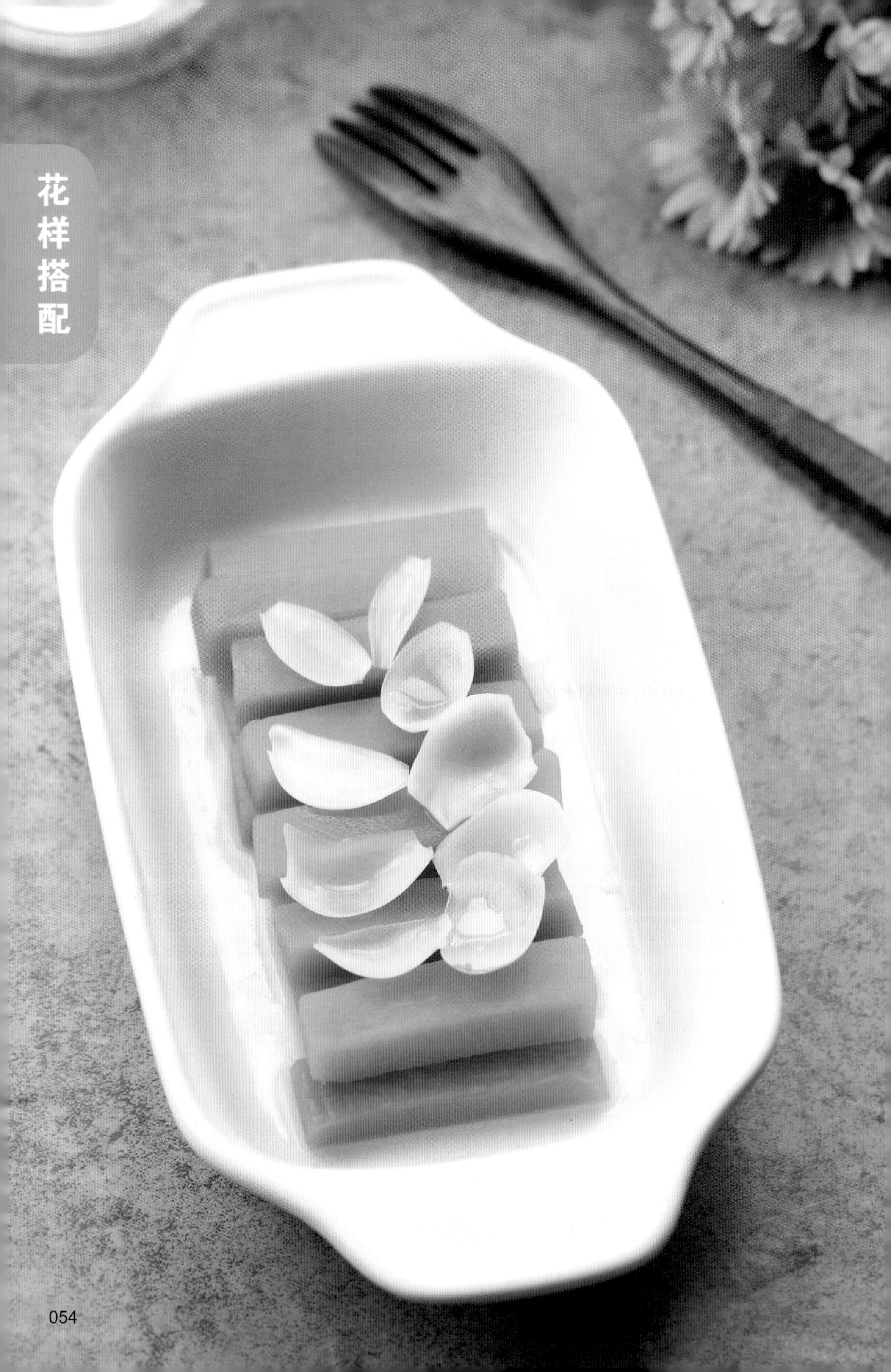

冰糖百合蒸南瓜

原料 / 1 人份

南瓜条 130 克，鲜百合 30 克

调料

冰糖 15 克

制作方法

1 把南瓜条装在蒸盘中，放入洗净的鲜百合，撒上冰糖，待用。

2 备好电蒸锅，放入蒸盘。

3 盖上盖，蒸约10分钟，至食材熟透。

4 断电后揭盖，取出蒸盘，稍微冷却后食用即可。

POINT

南瓜中的果胶可促进肠胃蠕动，帮助食物消化，同时还能保护胃肠道黏膜。

杭椒鲜笋

原料 / 1 人份

杭椒 65 克

竹笋 200 克

红椒 10 克

蒜末、葱花各少许

调料

盐 5 克，鸡粉 2 克，生抽 10 毫升，陈醋 6 毫升，辣椒油、芝麻油、食用油各适量

制作方法

1 洗净的杭椒切成约 4 厘米长的段；洗净的红椒切粒；洗净的竹笋切段。

2 锅中倒水烧开，加入 3 克盐和少许食用油，放入杭椒段、竹笋，煮至断生，捞出。

3 将焯煮好的杭椒、竹笋装入碗中，倒入蒜末、葱花、红椒粒。

4 加入适量盐、鸡粉、生抽、陈醋，倒入少许辣椒油、芝麻油，拌至入味即可。

烹饪时间
约 3 分钟

干煸竹笋

原料 / 1 人份

净竹笋 300 克

红椒 80 克

青椒 80 克

干辣椒 15 克

调料

盐 2 克，鸡粉 2 克，食用油适量

制作方法

1 将净竹笋切去笋尖，切成粗条；青椒、红椒均切去头尾，横切开，去籽，切成小块；干红椒切成圈。

2 锅中放油烧热，放入竹笋，炸至出水后捞出。

3 待油温上升时，再放入锅中，炸至焦黄，捞出沥干油。

4 锅注油烧热，放干红椒圈，爆香，放入青椒块、红椒块，炒匀，放入竹笋条，加盐、鸡粉炒匀即可。

烹饪时间
约 6 分钟

青椒海带丝

原料 / 2 人份

海带丝 200 克

青椒 50 克

大蒜 8 克

调料

盐 2 克，芝麻油 3 毫升

扫扫二维码
视频同步做美食

烹饪时间
约3分钟

制作方法

1 海带丝切段；洗净的青椒对切开去籽，斜刀切成丝；大蒜压扁切成蒜末。

2 锅中注入适量的清水大火烧开，倒入海带丝，搅拌片刻，再倒入青椒丝，搅拌煮至断生，捞出，沥干水分，待用。

3 备好一个大碗，倒入汆煮好的食材，加入蒜末、盐、芝麻油，搅拌匀，将拌好的海带丝倒入盘中即可。

POINT

煮好的食材可再过道凉开水，口感会更好。

彩椒牛肉丝

烹饪时间 约5分钟

原料 / 1 人份

冷冻牛肉丝 1 包
彩椒 90 克
青椒 40 克
葱段少许
姜片、蒜末各适量

（见 P050）

调料

盐 4 克，鸡粉、白糖各 3 克，食粉 3 克，料酒 8 毫升，生抽 8 毫升，水淀粉 8 毫升，食用油适量

彩椒含有维生素 A 原、纤维素、钙、磷、铁等营养成分，可以促进新陈代谢。

制作方法

1 洗净的彩椒切条；洗好的青椒去籽，切丝。

2 将冷冻牛肉丝解冻，加入少许盐、鸡粉、生抽、食粉、适量水淀粉、食用油，腌渍。

3 炒锅中倒油烧热，爆香姜片、蒜末、葱段，倒入腌渍好的牛肉，淋入料酒，翻炒匀。

4 放入汆烫好的彩椒、青椒，翻炒均匀。

5 加入适量生抽、盐、鸡粉、白糖、少许水淀粉，炒匀即可。

朝天椒炒牛肉

冷冻牛肉丁 1 包

（见 P049）

原料 / 1 人份

冷冻牛肉丁 1 包，朝天椒 30 克，姜片、蒜末、葱花各少许

调料

盐、白糖、料酒、芝麻油、味精、辣椒油、蚝油、辣椒酱、干淀粉、食用油各适量

制作方法

1 将朝天椒洗净切成圈。

2 将冷冻牛肉丁解冻，加入盐、白糖、料酒、干淀粉、食用油拌匀腌渍片刻。

3 热锅注水烧开，倒入牛肉块，煮至断生后捞出装盘。

4 锅中注油烧热，倒入姜片、蒜末煸炒香，加入辣椒酱、朝天椒圈翻炒，倒入牛肉块，翻炒至熟透，加盐、味精、蚝油翻炒入味，再加少许芝麻油、辣椒油翻炒匀，撒入葱花出锅即成。

烹饪时间 约3分钟

POINT

牛肉不易熟烂，烹饪时放少许山楂、橘皮或茶叶有利于熟烂。

烹饪时间
约8分钟

洋葱煮牛肉

原料 / 1 人份

冷冻腌渍牛肉丝 1 份
洋葱丝 80 克
蒜末、大葱片、
鲜汤、草菇各少许

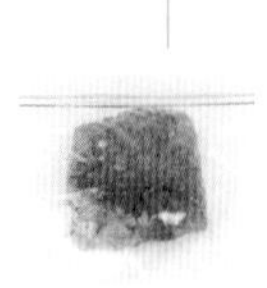

(见 P050)

调料

盐 2 克，黑胡椒碎 3 克，番茄酱、橄榄油各适量

制作方法

1 将冷冻的腌渍牛肉丝取出，解冻；草菇切片。

2 在平底锅中倒入橄榄油，爆香蒜末、洋葱、草菇，放入牛肉，炒至变色。

3 再放入鲜汤，翻炒片刻。

4 撒入适量盐、黑胡椒碎，倒入适量番茄酱炒均匀，放入大葱片，炒匀调味，盛出即可。

POINT

牛肉中的肌氨酸含量比其他食品都高，对人体肌肉强壮、增强力量特别有效。

川辣红烧牛肉

烹饪时间 约30分钟

原料 / 2 人份

冷冻牛肉块 2 包

土豆 100 克

大葱 30 克

干辣椒 10 克

香叶 4 克

葱段、姜片、蒜末各少许

（见 P049）

调料

八角适量，生抽 5 毫升，老抽 2 毫升，料酒 4 毫升，豆瓣酱 10 克，水淀粉、食用油各适量

POINT

炸土豆的时候油温不宜过高，以免炸焦。

制作方法

1 将冷冻牛肉块解冻；洗净的大葱斜刀切段；洗好去皮的土豆切块，入油锅，炸黄，捞出。

2 锅底留油烧热，倒入干辣椒、香叶、八角、蒜末、姜片，炒香，放入牛肉块，炒匀。

3 加入适量料酒、豆瓣酱，炒香，放入生抽、老抽，炒上色，注入适量清水，煮 20 分钟。

4 倒入土豆、葱段，炒匀，煮 5 分钟，拣出香叶、八角，倒入水淀粉勾芡即可。

西红柿炖牛腩

冷冻牛肉块 2 包

（见 P049）

原料 / 2 人份

冷冻牛肉块 2 包，西红柿 250 克，胡萝卜 70 克，洋葱 50 克，姜片少许

调料

盐 3 克，鸡粉、白糖各 2 克，生抽 4 毫升，料酒 5 毫升，食用油适量

制作方法

1 将洗净去皮的胡萝卜切块；洗好的洋葱切块；洗净的西红柿切块。

2 锅中注水烧开，放入解冻的牛肉块，煮去血渍后捞出，沥干水分。

3 用油起锅，爆香姜片，倒入洋葱、胡萝卜、牛肉块，炒匀，加入料酒、生抽，炒香。

4 倒入西红柿丁，炒匀，加入清水、盐，煮约 1 小时，放入鸡粉、白糖，拌匀即可。

POINT

炖牛肉一定要用小火慢炖，肉才容易酥烂，如果持续大火的话，反而会硬，影响口感。

南瓜咖喱牛肉碎

原料 / 2 人份

冷冻牛肉末 2 包
南瓜 500 克
洋葱 60 克
青椒 40 克
姜片、蒜末、葱段各少许

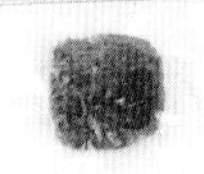

（见 P050）

调料

盐、鸡粉各 2 克，白糖、咖喱粉各 5 克，料酒、生抽、椰浆、食用油各适量

制作方法

1 将冷冻牛肉末解冻；洗净的洋葱切块；洗好的青椒切块；洗好的南瓜切成小块。

2 用油起锅，放入姜片、蒜末，爆香，倒入牛肉末，炒至变色。

3 淋入料酒、生抽，炒匀，倒入洋葱、青椒，炒匀、炒香。

4 倒入南瓜、适量清水，放入适量盐、鸡粉、白糖、椰浆，炒匀，再撒入少许咖喱粉，用小火焖 3 分钟至食材熟透，撒上少许葱段即可。

烹饪时间
约 6 分钟

豌豆炒牛肉粒

原料 / 2 人份

冷冻牛肉丁 1 包

彩椒 20 克

豌豆 300 克

姜片少许

（见 P049）

调料

盐 2 克，鸡粉 2 克，料酒 3 毫升，食粉 2 克，水淀粉 10 毫升，食用油适量

制作方法

1 将冷冻牛肉丁解冻，用盐、料酒、食粉、水淀粉、食用油腌渍；洗净的彩椒切成丁。

2 沸水锅中倒入豌豆，加入盐、食用油、彩椒，煮至断生，捞出沥干。

3 热锅注油烧热，倒入牛肉，滑油后捞出，沥干油。

4 起油锅，爆香姜片，倒入牛肉、料酒、焯过水的食材，炒匀，加入盐、鸡粉、料酒、水淀粉炒匀即可。

烹饪时间 约2分钟

小笋炒牛肉

原料 / 1 人份

冷冻牛肉片 1 包
竹笋 90 克
青椒块 25 克
红椒块 25 克
姜片适量
蒜末、葱段各少许

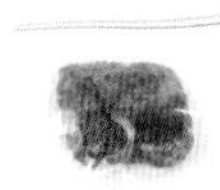
（见 P049）

调料

盐 3 克，鸡粉 2 克，生抽 6 毫升，食粉少许，料酒、食醋、水淀粉、食用油各适量

烹饪时间 约 3 分钟

制作方法

1 将冷冻牛肉片解冻，加入少许食粉、生抽、盐、鸡粉、水淀粉、食用油腌渍；洗净的竹笋切片。

2 锅中倒水烧开，放入竹笋片，加适量食用油、盐、鸡粉，搅匀，煮约半分钟，倒入青椒、红椒，搅匀，续煮半分钟至其断生，捞出。

3 用油起锅，爆香姜片、蒜末，倒入牛肉片，淋入适量料酒，炒香。

4 倒入焯好的竹笋、青椒、红椒，拌炒匀，加入适量生抽、食醋、盐、鸡粉，炒匀调味即可。

POINT

新鲜的竹笋有一定的苦涩味，炒制时可以加入少许食醋，以减轻其涩味。

鸡蛋炒百合

原料 / 2 人份

鲜百合 140 克
胡萝卜 25 克
鸡蛋 2 个
葱花少许

调料

盐、鸡粉各 2 克，白糖 3 克，食用油适量

扫扫二维码
视频同步做美食

POINT

百合可先用温水浸泡一会儿再清洗，能更易清除其杂质。

烹饪时间
约 3 分钟

制作方法

1 洗净去皮的胡萝卜切厚片，再切条形，改切成片。

2 鸡蛋打入碗中，加入盐、鸡粉，拌匀，制成蛋液，备用。

3 锅中注入适量清水烧开，倒入胡萝卜，拌匀，放入洗好的百合，拌匀，加入少许白糖，煮至食材断生，捞出，沥干水分。

4 用油起锅，倒入蛋液，炒匀，放入焯过水的材料，炒匀，撒上葱花，炒出葱香味即可。

丝瓜蛤蜊

冷冻蛤蜊 1 包

（见 P051）

原料 / 1 人份

冷冻蛤蜊 1 包，丝瓜 90 克，彩椒 40 克，姜片、蒜末、葱段各少许

调料

豆瓣酱 15 克，盐、鸡粉各 2 克，生抽 2 毫升，料酒 4 毫升，水淀粉、食用油各适量

制作方法

1 将冷冻蛤蜊取出，解冻；洗好去皮的丝瓜切成小块；洗净的彩椒切成小块。

2 锅中注水烧开，放入洗净的蛤蜊，搅匀，再煮约半分钟，捞出，沥干水分。

3 用油起锅，爆香姜片、蒜末、葱段，倒入彩椒、丝瓜，炒至变软，放入蛤蜊，再淋入料酒，炒匀，放入豆瓣酱，炒匀、炒香。

4 加入鸡粉、盐，炒匀调味，注入适量清水，淋入少许生抽，略煮片刻，用少许水淀粉勾芡即成。

扫扫二维码
视频同步做美食

POINT

蛤蜊的钙质含量较高，是不错的钙质源，有利于儿童骨骼发育。

葱香蛤蜊

原料 / 2 人份

冷冻蛤蜊 1 包

红椒 80 克

葱花 8 克

姜丝 5 克

干辣椒适量

（见 P051）

调料

盐 2 克，料酒 8 毫升，蚝油 15 克，食用油适量

制作方法

1 将冷冻蛤蜊解冻；红椒去蒂、去尾，切丝；干辣椒切成圈。

2 锅中注水，放入蛤蜊，煮开后再煮片刻至蛤蜊壳开，捞出。

3 锅中注油烧热，放入干辣椒圈爆香，放入姜丝，炒香，放入蛤蜊，翻炒片刻。

4 加入料酒、盐、蚝油，炒至入味，放入红椒丝，炒至红椒丝熟软，撒上葱花炒匀即可。

烹饪时间 约 6 分钟

酱香蛤蜊

扫扫二维码
视频同步做美食

原料 / 2 人份

冷冻蛤蜊 1 包
朝天椒圈 10 克
葱花 8 克
姜末、蒜末各适量

（见 P051）

调料

盐 3 克，白糖 2 克，蚝油 8 克，海鲜酱 8 克，生抽、料酒各 5 毫升，食用油适量

制作方法

1 将冷冻蛤蜊解冻。

2 取一个玻璃碗，放入朝天椒圈、姜末、蒜末、葱花，加入白糖、盐、料酒、生抽、食用油、蚝油、海鲜酱，倒入适量清水，搅拌均匀，制成酱汁。

3 锅中注水，放入蛤蜊，煮开后再煮片刻至蛤蜊壳开，捞出。

4 锅中注油烧热，放入蛤蜊，翻炒片刻，加入酱汁翻炒匀即可。

烹饪时间
约 7 分钟

蛤蜊豆腐炖海带

（见 P051）

冷冻蛤蜊 2 包

原料 / 2 人份

冷冻蛤蜊 2 包，豆腐 200 克，水发海带 100 克，姜片、蒜末、葱花各少许

调料

盐 3 克，鸡粉 2 克，料酒、生抽各 4 毫升，水淀粉、芝麻油、食用油各适量

制作方法

1 将冷冻蛤蜊解冻；洗净的豆腐切成小方块；洗净的海带切块。

2 锅中注水烧开，加入少许盐、海带，煮半分钟，再倒入豆腐块，煮半分钟，捞出，沥干水。

3 用油起锅，爆香蒜末、姜片，倒入焯过水的食材，翻炒匀，放入少许料酒、生抽、适量清水，煮至汤汁沸腾。

4 倒入蛤蜊，煮约 3 分钟，加入少许盐、鸡粉，炒匀调味，倒入适量水淀粉、芝麻油，炒匀，装入盘中，撒上葱花即成。

烹饪时间 约 5 分钟

扫扫二维码
视频同步做美食

POINT

清洗蛤蜊的时候在水中加少许盐，这样才更易清除其杂质。

泰式肉末炒蛤蜊

原料 / 1 人份

冷冻蛤蜊 1 包

肉末 100 克

姜末少许

葱花少许

（见 P051）

调料

泰式甜辣酱 5 克，豆瓣酱 5 克，料酒 5 毫升，水淀粉 5 毫升，食用油适量

烹饪时间 约 3 分钟

制作方法

1 将冷冻蛤蜊解冻；锅中注水烧开，倒入处理好的蛤蜊，略煮，捞出沥水。

2 热锅注油，倒入肉末，翻炒至变色，倒入姜末、葱花，放入适量豆瓣酱、泰式甜辣酱。

3 再倒入蛤蜊，淋入少许料酒，炒匀，倒入少许水淀粉，翻炒匀，放入余下的葱花，炒出香味，盛入盘中即可。

POINT

蛤蜊本身极富鲜味，烹制时不要加味精。

水蛋蛤仁

原料 / 2 人份

冷冻蛤蜊 2 包

金华火腿 30 克

鸡蛋液 100 克

葱花少许

（见 P051）

调料

盐 2 克

扫扫二维码
视频同步做美食

烹饪时间
约 12 分钟

制作方法

1 将冷冻蛤蜊解冻；备好的火腿切条，改切成丁。

2 将鸡蛋液倒入备好的大碗中，加盐，注入适量的温水，打散。

3 将鸡蛋液倒入备好的盘中，放上备好的蛤蜊、火腿，包上一层保鲜膜，待用。

4 电蒸锅注水烧开，放上食材，加盖，蒸 12 分钟，揭盖，取出蒸好的食材，撕开保鲜膜，撒上葱花即可。

POINT

刚从市场上买回的蛤蜊，可放在清水里饲养一晚，这样能让其更好地吐净泥沙。

南瓜清炖牛肉

扫扫二维码
视频同步做美食

原料 / 2 人份

冷冻牛肉块 1 包
南瓜块 280 克
葱段、姜片各少许

（见 P049）

调料

盐 2 克

制作方法

1 将冷冻牛肉块解冻；砂锅中注入适量清水大火烧开，倒入洗净切好的南瓜。

2 倒入牛肉块、葱段、姜片，搅拌均匀。

3 盖上盖，用大火烧开后转小火炖煮约 2 小时至食材熟透。

4 揭开盖，加入盐，拌匀调味，搅拌均匀，用汤勺掠去浮沫，盛出煮好的汤料，装碗即可。

烹饪时间
约 122 分钟

家常牛肉汤

原料 / 2 人份

冷冻牛肉丁 1 包

土豆 150 克

西红柿 100 克

姜片适量

枸杞子、葱花各少许

（见 P049）

调料

盐、鸡粉各 2 克，胡椒粉、料酒各适量

制作方法

1 将冷冻牛肉丁解冻；去皮洗净的土豆切块；洗好的西红柿去蒂切块。

2 砂煲中注水煮沸，放入姜片、洗净的枸杞子，倒入牛肉丁，淋入少许料酒，拌匀，煮沸，掠去浮沫。

3 盖上盖，用小火煲煮约 30 分钟至牛肉熟软。

4 揭盖，倒入切好的土豆、西红柿，煮约 15 分钟至食材熟透，加入盐、鸡粉、胡椒粉，拌煮至入味，撒上葱花即成。

烹饪时间 约 35 分钟

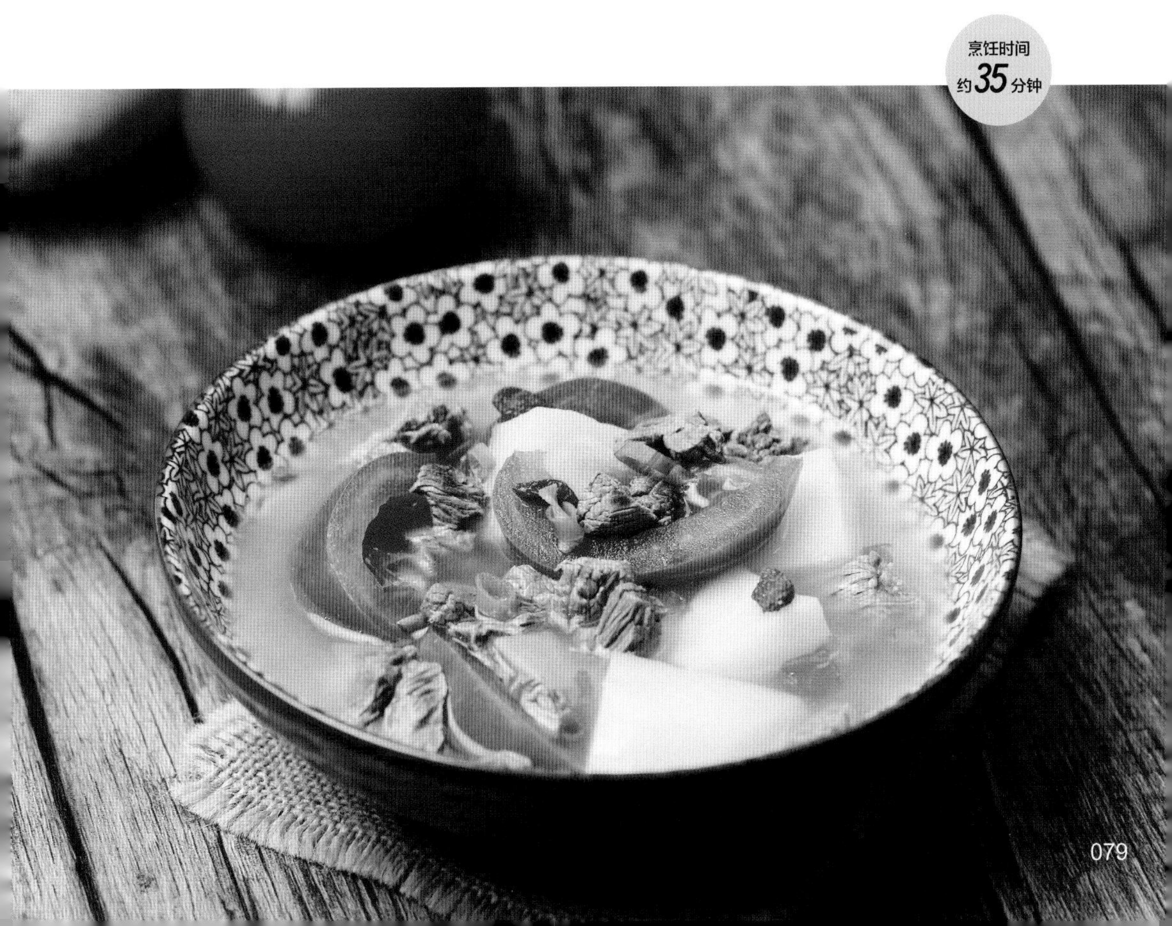

蛤蜊清汤

原料 / 1 人份

冷冻蛤蜊 1 包

姜片少许

葱段少许

（见 P051）

调料

盐 2 克，鸡粉 2 克，白胡椒粉适量

烹饪时间 约 7 分钟

制作方法

1 将冷冻蛤蜊解冻，待用。

2 锅中注水烧开，倒入姜片，搅拌匀，盖上锅盖，大火煮 5 分钟至食材变软。

3 掀开锅盖，倒入处理好的蛤蜊，搅拌均匀，煮至开壳。

4 加入盐、鸡粉、白胡椒粉，搅匀调味，关火后将煮好的汤盛出装入碗中，撒上备好的葱段即可。

POINT

还可以在汤中加入咸火腿，能去腥，增加美味。

鸡蛋西红柿粥

原料 / 1 人份

大米 110 克

鸡蛋 50 克

西红柿 65 克

调料

盐少许

扫扫二维码
视频同步做美食

POINT

倒入蛋液时要边倒边搅拌，这样打出的蛋花才好看。

烹饪时间
约 32 分钟

制作方法

1 洗好的西红柿切丁；鸡蛋打入碗中，打散调匀，制成蛋液，备用。

2 砂锅中注水烧开，倒入洗好的大米，搅散，盖上锅盖，烧开后用小火煮约 30 分钟。

3 揭开锅盖，倒入西红柿丁，搅拌均匀，盖上盖，转中火煮约 1 分钟至西红柿熟软。

4 揭开锅盖，转大火，加入少许盐，搅匀调味，倒入蛋液，搅拌匀，煮至蛋花浮现即可。

南瓜炖饭

原料 / 2 人份

大米 100 克，南瓜 100 克

调料

盐 3 克，白胡椒粉少许，鸡粉少许

制作方法

1 将南瓜洗净削皮切成小方块待用；将南瓜块放入锅中煮熟捞出；将部分南瓜粒压碎成泥装碗待用，留一部分做装饰。

2 将清水注入烧热的锅中，将洗好的大米倒入锅中拌匀，加盖煮 20 ~ 25 分钟至熟。

3 揭盖加入盐、白胡椒粉调味。

4 将南瓜泥倒入锅中，拌匀，加入鸡粉调味，煮约 3 分钟之后盛出，放入熟南瓜粒即可。

烹饪时间
约 28 分钟

POINT

南瓜中含有丰富的微量元素锌，为人体生长发育的重要物质，还可以促进造血。

蛤蜊荞麦面

原料 / 1 人份

冷冻蛤蜊 1 包
荞麦面 130 克
干辣椒 10 克
蒜末 10 克
姜末 10 克
香菜碎少许

（见 P051）

调料

盐 3 克，鸡粉 2 克，黑胡椒粉、食用油各适量

制作方法

1 将冷冻蛤蜊解冻；锅中注水烧开，倒入荞麦面，煮至软，捞出，沥干水分，待用。

2 用油起锅，爆香干辣椒、姜末、蒜末，倒入蛤蜊，注入少许清水。

3 盖上盖，大火煮片刻，掀开盖，倒入煮软的荞麦面。

4 加入盐、鸡粉、黑胡椒粉，搅拌匀，煮至入味，将煮好的面条盛出装入盘中，摆上香菜碎即可。

烹饪时间
约 *6* 分钟

3
Menu

吃肉不长肉的魔法

你知道吗？每百克鸡胸肉含蛋白质高达 23 克，而脂肪含量只有 1~2 克。这一周以鸡肉作为主食材，搭配鲜味十足的鱿鱼，让你在畅享美味的同时，免去长肉的烦恼！

采购清单

主料
鸡肉
鱿鱼
西芹
黄瓜
香菇
菠菜
马蹄
四季豆
木瓜
圆白菜
胡萝卜
荷兰豆
香辛料
青椒
葱姜蒜
红椒
朝天椒
彩椒
干辣椒
花椒
常备材料
鸡蛋
红枣
酸萝卜
米饭
莲子
花生
银耳

[食材预处理及保存方法]

鸡肉

鸡肉是高蛋白低脂肪的营养食物。它可用于炖煮、小炒、煎炸、烘烤以及清蒸，无论用哪种烹饪方式，都能做出诱人美味。

鸡胸肉丁

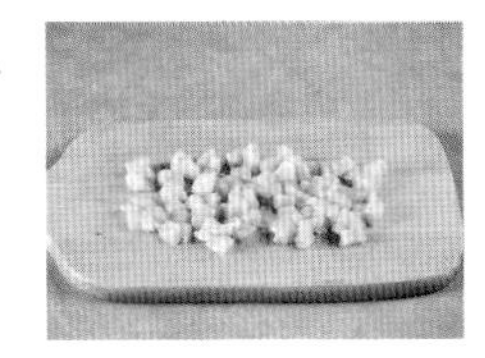

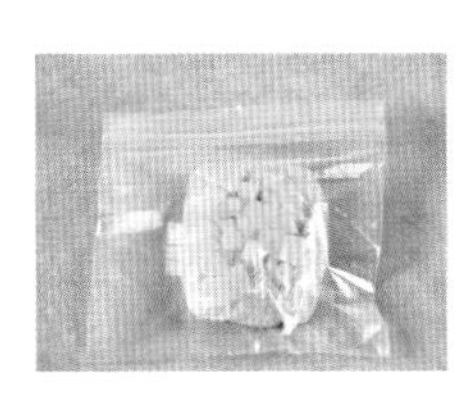

1 将鸡胸肉切成条，再改切成丁。

2 按一次使用的分量包上保鲜膜。

3 再放入冷冻保存袋冷冻保存。

鸡胸肉丝

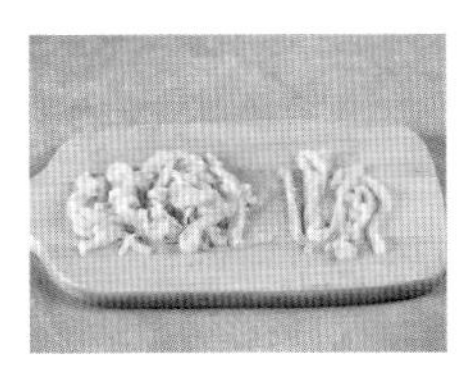

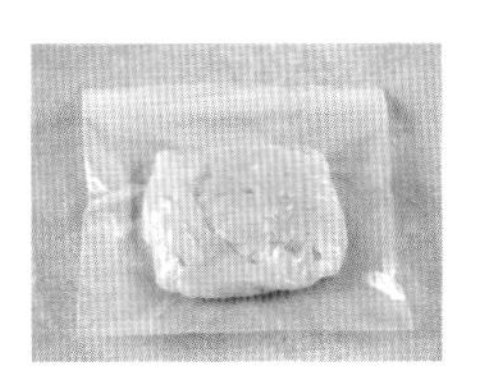

1 将鸡胸肉切成片，改切成丝。

2 按一次使用的分量包上保鲜膜。

3 再放入冷冻保存袋冷冻保存。

鸡肉块

1 将带骨鸡肉剁成块，洗净后擦干表面水分。

2 按一次使用的分量包上保鲜膜。

3 再放入冷冻保存袋冷冻保存。

鸡胸肉块腌渍

1 将鸡胸肉洗净，切成大块。

2 放入备好的玻璃碗中，加入料酒、酱油拌匀腌渍片刻。

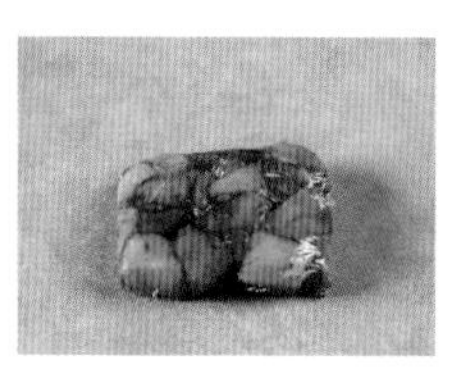

3 用保鲜膜将腌渍好的鸡胸肉块包好。

4 放入冷冻保存袋中冷冻保存。

鱿鱼

鱿鱼作为一种美食，历来深受人们的喜爱。各种用鱿鱼制作的美味不一而足，有较高的营养价值，而且制作起来还特别省时。

鱿鱼须

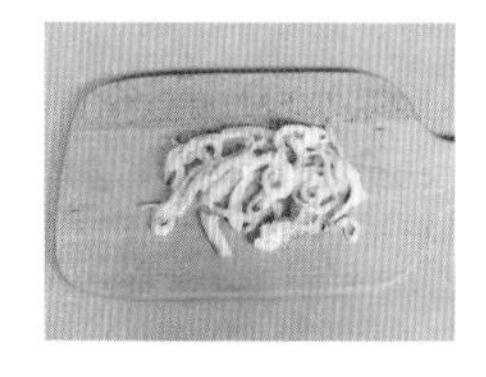

1 将鱿鱼须切成小段，备用。

2 放入清水中洗净，捞出，沥干水。

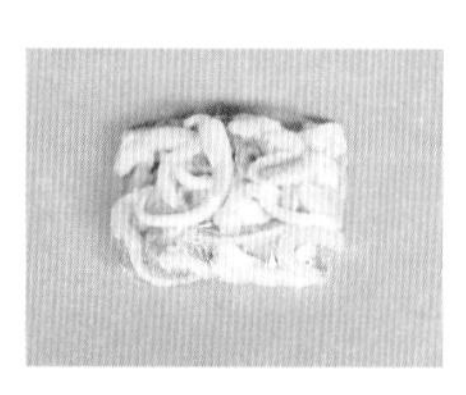

3 用保鲜膜包好。

4 再放入冷冻保存袋中冷冻保存即可。

鱿鱼花

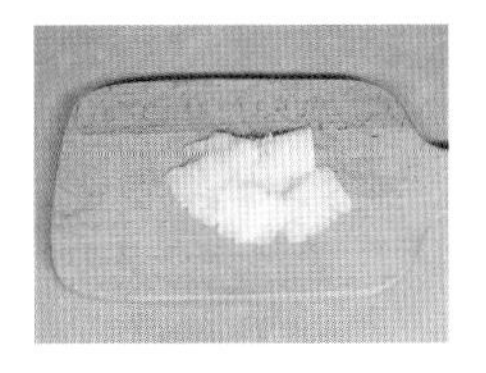

1 将洗净的鱿鱼切上网格花刀，再切开，改切成小块。

2 将切好的鱿鱼放入装有热水的碗中，烫成鱿鱼花，取出晾凉。

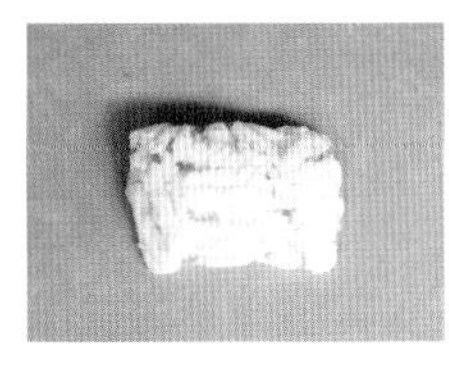

3 用保鲜膜将鱿鱼花包好。

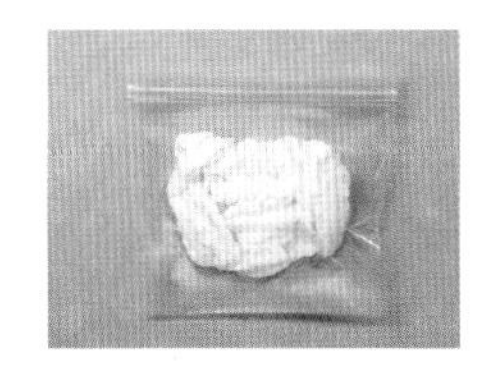

4 放入冷冻保存袋冷冻保存。

西芹

可以将西芹叶择除，用清水洗净后切成大段，整齐地放入饭盒或干净的保鲜袋中，封好盒盖或袋口，放入冰箱冷藏室，随吃随取。

黄瓜

用小型塑料食品袋每袋装 1 ~ 1.5 千克黄瓜，松扎袋口，放入室内阴凉处，夏季可储藏 4 ~ 7 天，秋冬季室内温度较低可储藏 8 ~ 15 天。

香菇

首先，把鲜香菇削去根洗净后，再在锅里倒入自来水，待锅里的水烧开后放入准备好的香菇，放入一点盐，待水沸腾 2 ~ 3 分钟，捞起降温放入冰箱，保存 5 天左右。

菠菜

买回家若不立即烹煮，可用纸包起，放入塑胶袋中，在冰箱冷藏室中保存。如果冷藏，一定要定期清理冰箱，并且冷藏不超过 3 日。

马蹄

鲜马蹄不宜置于塑料袋内，置于通风的竹箩筐里最佳；也可以直接将马蹄装入保鲜袋中，扎好袋口，放在冰箱冷藏可保存 3 天。

四季豆

通常将四季豆直接放入塑料袋中，冰箱冷藏能保存 5~7 天。如果想保存得更久一点，最好将四季豆洗净，用盐水焯烫后沥干，再放入冰箱中冷冻，便可以保存很久。

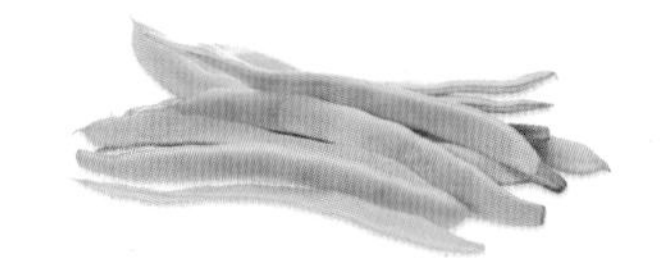

木瓜

木瓜最好现买现吃，买回的木瓜如果当天就要吃的话，就选瓜身全都黄透的。如果买到的是尚未成熟的木瓜，可以用纸包好，放在阴凉处，1 ~ 2 天后食用。

圆白菜

圆白菜用保鲜膜包起来，放入冰箱冷藏室，可保存一个星期左右。

胡萝卜

将胡萝卜洗净，晾干后用塑料袋封好，放入冰箱冷藏室保存，可保鲜半个月。

荷兰豆

将荷兰豆放入保鲜袋内，封口之后在保鲜袋的下面两边用剪子剪两个小洞，然后，再放入冰箱的冷藏室冷藏即可。

胡萝卜炒菠菜

原料 / 1 人份

菠菜 180 克

胡萝卜 90 克

蒜末少许

调料

盐 3 克，鸡粉 2 克，食用油适量

扫扫二维码
视频同步做美食

制作方法

1 将洗净去皮的胡萝卜切片，再切成细丝；洗好的菠菜切去根部，再切成段。

2 锅中注入适量清水烧开，放入胡萝卜丝，撒上少许盐，搅匀，煮约半分钟，捞出，沥干水分，待用。

3 用油起锅，放入蒜末，爆香，倒入切好的菠菜，快速炒匀，至其变软。

4 放入焯煮过的胡萝卜丝，翻炒匀，加入盐、鸡粉，炒匀调味即成。

POINT

菠菜易熟，宜用大火快炒，可避免营养流失。

凉拌四季豆

原料 / 1 人份

四季豆 200 克

红椒 10 克

蒜末少许

调料

盐 3 克，生抽 3 毫升，鸡粉、陈醋、芝麻油、食用油各适量

扫扫二维码
视频同步做美食

POINT

为防止发生食用四季豆中毒的情况，四季豆必须要焯煮熟透，方可食用。

烹饪时间 约 3 分钟

制作方法

1 将洗净的四季豆切成 3 厘米长的段；洗净的红椒切开，去籽，再切成丝。

2 锅中倒水烧开，加入少许食用油、盐，倒入四季豆，煮约 3 分钟，加入红椒丝，再煮片刻，捞出。

3 把四季豆、红椒丝倒入碗中，放入蒜末、适量盐、鸡粉、少许生抽、陈醋、芝麻油，用筷子拌匀至入味，装入盘中即可。

马蹄炒荷兰豆

扫扫二维码
视频同步做美食

原料 / 1 人份

马蹄肉 90 克，荷兰豆 75 克，红椒 15 克，姜片、蒜末、葱段各少许

调料

盐 3 克，鸡粉 2 克，料酒 4 毫升，水淀粉、食用油各适量

制作方法

1 马蹄肉切片；洗好的红椒去籽，切成小块。

2 锅中注水烧开，放入适量食用油、盐、洗净的荷兰豆，煮半分钟，放入马蹄肉、红椒，搅匀，再煮半分钟，捞出，待用。

3 用油起锅，放入姜片、蒜末、葱段，爆香，倒入焯好的食材，翻炒匀，淋入料酒，炒香。

4 加入适量盐、鸡粉，炒匀调味，倒入适量水淀粉，快速翻炒均匀，盛入盘中即可。

烹饪时间
约 4 分钟

POINT

荷兰豆焯水的时间不宜过长，焯至刚变色即可，这样其外观、口感较好，营养也不会流失太多。

荷兰豆炒香菇

扫扫二维码
视频同步做美食

原料 / 1 人份

荷兰豆 120 克

鲜香菇 60 克

葱段少许

调料

盐 3 克，鸡粉 2 克，料酒 5 毫升，蚝油 6 克，水淀粉 4 毫升，食用油适量

制作方法

1 洗净的荷兰豆切去头尾；洗好的香菇切粗丝。

2 锅中注水烧开，加入盐、食用油、鸡粉、香菇丝，略煮，再倒入荷兰豆，煮 1 分钟捞出。

3 用油起锅，倒入葱段，爆香，放入焯过水的荷兰豆、香菇。

4 淋入料酒、蚝油，炒匀，放入鸡粉、盐，炒匀，倒入水淀粉勾芡即可。

烹饪时间
约 **2** 分钟

鸡胸肉西芹沙拉

原料 / 1 人份

冷冻鸡胸肉丝 1 包

黄瓜 100 克

西芹 80 克

红椒圈适量

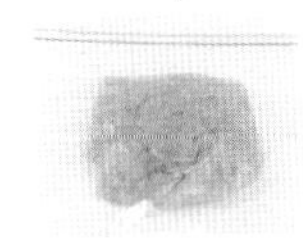

（见 P087）

调料

盐 2 克，柠檬汁适量

制作方法

1 冷冻鸡胸肉丝解冻；黄瓜洗净去皮，斜切成片；西芹洗净，斜切成片。

2 锅中注水烧开，放入黄瓜、西芹、红椒圈，调入少许盐，煮至断生，捞出。

3 再放入鸡胸肉丝，煮至熟，捞出。

4 取一碗，倒入黄瓜、西芹、红椒圈、鸡胸肉丝，搅拌均匀，淋上柠檬汁即可。

烹饪时间 约 2 分钟

双椒鸡丝

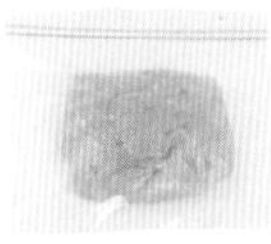

冷冻鸡胸肉丝 1 包

（见 P087）

原料 / 1 人份

冷冻鸡胸肉丝 1 包，青椒 75 克，彩椒 35 克，朝天椒圈 25 克，花椒少许

调料

盐 2 克，鸡粉、胡椒粉各少许，料酒 6 毫升，水淀粉、食用油各适量

制作方法

1 将洗净的青椒去籽，切细丝；洗好的彩椒切细丝；洗净的朝天椒切小段。

2 将冷冻鸡胸肉丝解冻，加入盐、料酒、水淀粉，拌匀，腌渍片刻。

3 用油起锅，倒入肉丝，放入花椒、朝天椒、料酒，炒匀。

4 倒入青椒丝、彩椒丝、盐、鸡粉、胡椒粉、水淀粉，炒匀，关火后盛出即可。

烹饪时间 约2分钟

POINT

腌渍肉丝的时候可加入少许食用油，这样菜肴的口感更佳。

麻辣怪味鸡

原料 / 1 人份

冷冻鸡肉块 1 包
红椒 20 克
蒜末少许
葱花少许

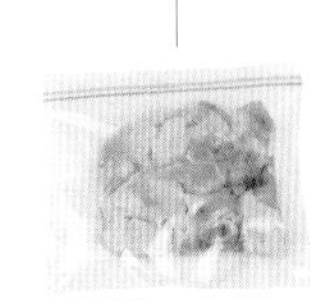
（见 P087）

调料

盐 2 克，鸡粉 2 克，生抽 5 毫升，辣椒油 10 毫升，料酒、干淀粉、花椒粉、辣椒粉、食用油各适量

烹饪时间 约 5 分钟

制作方法

1 将冷冻鸡肉块解冻；洗净的红椒切成小块。

2 鸡肉块中加入生抽、盐、鸡粉、料酒、干淀粉，拌匀，腌渍至其入味。

3 热油锅中倒入鸡肉块，炸香后捞出；锅底留油烧热，放入蒜末、红椒块、鸡肉块。

4 倒入花椒粉、辣椒粉、葱花，加入盐、鸡粉、辣椒油，炒匀，盛出菜肴即可。

POINT

放入调味料调味时，应将火调小，以免将鸡肉炒煳。

辣椒炒鸡丁

原料 / 1 人份

冷冻鸡胸肉丁 130 克
红椒 60 克
青椒 65 克
姜片、葱段、
蒜末各少许

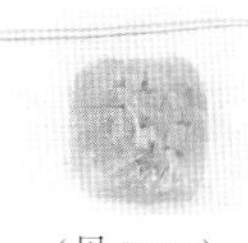
（见 P087）

调料

盐 2 克，鸡粉 2 克，白糖 2 克，生抽 5 毫升，料酒 5 毫升，水淀粉 5 毫升，辣椒油 5 毫升，食用油适量

烹饪时间 约 6 分钟

制作方法

1 将冷冻鸡胸肉丁解冻；洗净的红椒、青椒切块。

2 往鸡胸肉丁中加入盐、鸡粉，淋上适量的料酒、水淀粉，拌匀入味，腌渍片刻。

3 热锅注油烧热，倒入鸡肉丁，炒至变色，放入葱段、姜片、蒜末，爆香，倒入青椒、红椒，拌匀。

4 淋上料酒、生抽，拌匀，注水，撒上盐、鸡粉、白糖，拌匀，淋上水淀粉、辣椒油，拌匀至入味，盛盘即可。

POINT

新鲜的鸡胸肉肉质紧密排列，颜色呈干净的粉红色而有光泽。

泰式炒鸡柳

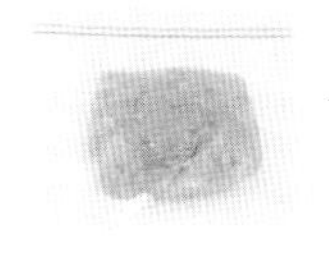

冷冻鸡胸肉丝 1 包

（见 P087）

原料 / 1 人份

冷冻鸡胸肉丝 1 包，红彩椒、黄彩椒各 80 克，椰奶、罗勒叶、葱段各适量

调料

盐 2 克，青柠汁 10 毫升，食用油适量

制作方法

1 将冷冻的鸡胸肉丝解冻，加少许盐、食用油拌匀。

2 将红彩椒、黄彩椒分别切成丝，待用。

3 锅中注油烧热，放入葱段、红彩椒、黄彩椒，炒片刻。

4 再放入鸡胸肉丝，翻炒至颜色发白，调入盐，淋上青柠汁、椰奶，炒入味，再放入罗勒叶炒匀即可。

烹饪时间
约 3 分钟

POINT

怕酸的人可以将青柠汁的量酌情增减。

炒鸡米

原料 / 1 人份

冷冻鸡胸肉丁 1 包

香菇 20 克

大葱 15 克

菠菜 15 克

马蹄 100 克

姜片、蛋清各少许

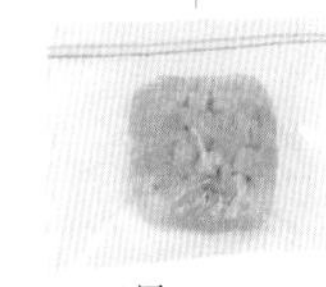

（见 P087）

调料

盐 3 克，鸡粉 2 克，生抽 5 毫升，料酒 5 毫升，干淀粉 5 克，食用油适量

制作方法

1 洗净去皮的马蹄切丁；洗好的大葱切段；洗净的香菇切丁；洗好的菠菜切段。

2 将冷冻的鸡胸肉丁解冻，加入少许盐、蛋清、干淀粉拌匀腌渍。

3 锅中注水烧开，倒入香菇、马蹄，略煮，捞出，沥干水分。

4 热锅注油，倒入鸡胸肉，翻炒至变色，倒入大葱、姜片，爆香，放入焯过水的食材、菠菜，加入少许料酒、鸡粉、生抽、盐，炒匀即可。

烹饪时间
约 2 分钟

鸡块炖香菇

扫扫二维码
视频同步做美食

原料 / 2 人份

冷冻的鸡肉块 2 包

香菇 150 克

干辣椒、葱段、姜片各适量

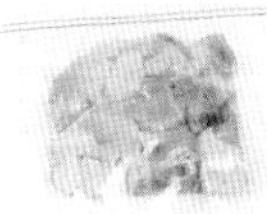

（见 P087）

调料

盐 3 克，生抽 8 毫升，料酒 5 毫升，白糖 2 克，食用油适量

制作方法

1 将冷冻的鸡肉块解冻，加盐、料酒拌匀；洗净的香菇去蒂，打上十字花刀。

2 锅中注油烧热，放入鸡块，炒至变色。

3 放入姜片、干辣椒、部分葱段，翻炒均匀，放入香菇，翻炒片刻。

4 加入料酒、白糖、生抽、剩余盐，炒入味，放入适量的清水，盖上盖，炖约 30 分钟，撒上剩余葱花即可。

烹饪时间
约 35 分钟

香菇炒鸡蛋

原料 / 2 人份

鲜香菇 80 克

鸡蛋 2 个

葱花少许

调料

盐 3 克，鸡粉 2 克，水淀粉、食用油各适量

扫扫二维码
视频同步做美食

烹饪时间
约 2 分钟

制作方法

1 把洗净的香菇切成片。

2 鸡蛋打入碗中，加入少许盐、鸡粉、少许水淀粉，搅匀，制成蛋液。

3 锅置火上，倒水烧开，放入少许食用油、2 克盐、香菇，煮约半分钟，捞出。

4 用油起锅，倒入蛋液，摊匀铺开，翻炒至成型，放入焯煮好的香菇，翻炒匀，加入少许盐、鸡粉，撒上少许葱花，快速拌炒均匀至食材熟透即成。

POINT

炒制鸡蛋时要控制好火候，以免炒煳，影响其口感和外观。

酱炒鱿鱼须

原料 / 1 人份

冷冻鱿鱼须 1 包

姜丝 8 克

葱段 5 克

（见 P088）

调料

盐 1 克，白糖 2 克，孜然粉 2 克，生抽 5 毫升，料酒 8 毫升，甜面酱 20 克，食用油适量

扫扫二维码
视频同步做美食

烹饪时间
约 5 分钟

制作方法

1 将冷冻鱿鱼须解冻。

2 沸水锅中倒入鱿鱼须，汆煮一会儿至去除腥味，捞出沥干水分，装碗待用。

3 锅中注油烧热，放入姜丝、部分葱段，爆香，放入汆过水的鱿鱼须，加入料酒，炒匀。

4 加入白糖、孜然粉、生抽、甜面酱，炒入味，放入盐、剩余葱段，翻炒均匀即可。

POINT

鱿鱼含有蛋白质、钙、牛磺酸、磷、维生素 A、维生素 B_1 等营养成分，有保护视力的作用。

韩式拌鱿鱼须

原料 / 1 人份

冷冻鱿鱼须 1 包

青椒 80 克

红椒 80 克

蒜末适量

（见 P088）

调料

盐 2 克，韩式辣酱 10 克，橄榄油适量

制作方法

1 将冷冻鱿鱼须解冻；青椒、红椒均洗净切丝。

2 锅中注水烧开，调入盐，放入青椒丝、红椒丝，煮至断生，捞出；再放入处理好的鱿鱼须，煮熟后捞出，沥干水分。

3 取一碗，放入焯煮好的食材，调入蒜末、韩式辣酱、橄榄油拌匀即可。

烹饪时间 约 5 分钟

辣味鱿鱼须

原料 / 2 人份

冷冻鱿鱼须 2 包

干辣椒 30 克

生姜丝 25 克

葱 10 克

大蒜少许

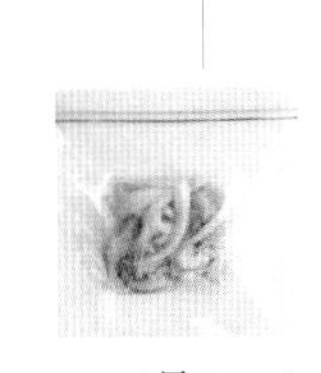

（见 P088）

调料

豆瓣酱 12 克，盐 3 克，味精 2 克，胡椒粉少许，蚝油 7 克，料酒 10 毫升，水淀粉、辣椒油、食用油各适量

制作方法

1 将冷冻鱿鱼须解冻；去皮洗净的大蒜切成末；洗好的葱切段。

2 碗中倒入葱段、姜丝、少许料酒、鱿鱼、盐、味精，拌匀腌渍。

3 用油起锅，爆香姜丝、蒜末，倒入豆瓣酱、干辣椒，炒出香味，放入鱿鱼须，翻炒匀。

4 加入少许味精、蚝油，炒匀，倒入适量水淀粉勾芡，撒入胡椒粉、辣椒油、葱段，炒入味即可。

烹饪时间
约 2 分钟

四季豆炒鱿鱼须

冷冻鱿鱼须 1 包

（见 P088）

原料 / 1 人份

冷冻鱿鱼须 1 包，四季豆 200 克，红彩椒、黄彩椒各 50 克，葱段 10 克，姜片 5 克

调料

盐 2 克，白糖 2 克，鸡粉 2 克，料酒 6 毫升，水淀粉 5 毫升，食用油适量

制作方法

1 将冷冻鱿鱼须解冻；四季豆洗净切小段；黄彩椒、红彩椒均切成粗条。

2 锅中注水加盐，倒入四季豆煮至断生，捞出；再倒入鱿鱼须，汆去杂质，捞出。

3 热锅注油，爆香姜片、葱段，放入鱿鱼，炒匀，淋入料酒，倒入四季豆、红彩椒、黄彩椒。

4 加入少许白糖、盐、鸡粉、水淀粉，翻炒入味，盛出，装入盘中即可。

扫扫二维码
视频同步做美食

POINT

汆煮鱿鱼时，可以加点料酒，能去除腥味。

酸辣鱿鱼卷

原料 / 1 人份

冷冻鱿鱼花 1 包
红椒 80 克
大蒜 10 克
葱 1 根
姜 2 片

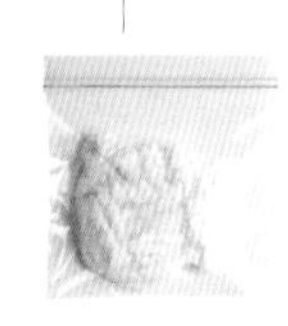

（见 P089）

调料

白糖、盐各 3 克，白醋、酱油、芝麻油各 5 毫升，食用油适量

制作方法

1 将冷冻鱿鱼花解冻，放入沸水锅中，煮片刻，捞出，沥干水分。

2 葱、姜、大蒜、红椒均洗净切末，加入盐、白糖、白醋、酱油、芝麻油拌匀，做成五味酱。

3 锅中注油烧热，放入鱿鱼卷，翻炒匀，再淋入五味酱，炒入味即可。

烹饪时间
约 5 分钟

豉椒炒鲜鱿

扫扫二维码
视频同步做美食

原料 / 1 人份

冷冻鱿鱼花 2 包
青椒 80 克
红椒 80 克
蒜片 10 克
葱段 5 克

（见 P089）

调料

盐、白糖各 2 克，生抽 5 毫升，
豆豉 15 克，食用油适量

制作方法

1 将冷冻鱿鱼花解冻；青椒、红椒分别去蒂、去籽，切成小块。

2 锅中注油烧热，放入蒜片，爆香，下入青、红椒块，翻炒匀。

3 放入鱿鱼花、豆豉，翻炒匀。

4 加入盐、白糖、生抽，翻炒至食材入味，加入葱段，炒匀即可。

烹饪时间
约 6 分钟

辣烤鱿鱼

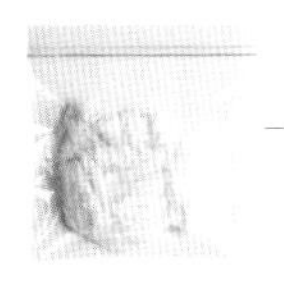
冷冻鱿鱼花 1 包

（见 P089）

原料 / 1 人份

冷冻鱿鱼花 1 包，蒜末 3 克，青椒段 10 克

调料

生抽 5 毫升，红辣椒酱 20 克，胡椒盐 3 克，糖 5 克，芝麻油、食用油各少许

制作方法

1 将冷冻鱿鱼花解冻，放入沸水锅中，煮片刻，捞出，沥干水分。

2 在备好的碗中，放入生抽、蒜末、糖、胡椒盐、芝麻油、红辣椒酱，拌匀成酱汁。

3 将酱汁倒入装有鱿鱼块的碗中，搅拌均匀，串到竹签上。

4 备好的烤架加热，用刷子抹上食用油，放上鱿鱼，烤 5 分钟，翻面，续烤 5 分钟至熟；备好的盘中放上青椒段，将烤好的鱿鱼从竹签上取下，夹至盘中即可。

烹饪时间 约 15 分钟

POINT

鱿鱼烤的时间不宜太久，否则会太韧，不易嚼。

木瓜莲子炖银耳

原料 / 2 人份

泡发银耳 100 克

莲子 100 克

木瓜 200 克

调料

冰糖 20 克

扫扫二维码
视频同步做美食

烹饪时间
约 113 分钟

制作方法

1 砂锅中注入适量清水，倒入泡发银耳、莲子，拌匀。

2 盖上盖，大火煮开之后转小火煮 90 分钟至食材熟软。

3 揭盖，放入切好的木瓜、冰糖，拌匀。

4 盖上盖，小火续煮 20 分钟至释放出有效成分，装入碗中即可。

POINT

莲子可以用温水泡发后再炖，这样更易炖熟。

蛋花花生汤

原料 / 1 人份

鸡蛋 1 个

花生 50 克

调料

盐 3 克

扫扫二维码
视频同步做美食

烹饪时间
约 7 分钟

制作方法

1 取一碗，打入鸡蛋，搅散，制成蛋液。

2 锅中注入适量清水烧热，倒入备好的花生。

3 大火煮开后转小火煮 5 分钟至熟。

4 加入盐，再煮片刻至入味。

5 倒入蛋液，略煮至形成蛋花，拌匀。

6 关火，盛出煮好的汤，装入碗中即可。

POINT

花生米的红衣营养价值较高，可不用去除。

木瓜鱿鱼汤

原料 / 2 人份

冷冻鱿鱼须 1 包

木瓜 500 克

红枣 5 颗

生姜 3 片

（见 P088）

调料

盐适量

制作方法

1 将冷冻鱿鱼解冻；木瓜去皮、籽，洗净，切块。

2 将红枣浸软，去核，洗净。

3 将食材放入锅中，加入适量清水，煮 30 分钟后加盐调味即可。

烹饪时间
约 35 分钟

韩式拌冷面

原料 / 2 人份

荞麦面 100 克

黄瓜 65 克

熟鸡蛋 1 个

酸萝卜片少许

调料

盐 2 克，韩式辣椒酱 20 克，牛肉酱、食用油各适量

制作方法

1 将黄瓜洗净，切成片。

2 锅中注水烧开，放入荞麦面、盐、少许食用油，煮熟后捞出，过一遍凉水，捞出，沥干水分，放入碗中，备用。

3 将熟鸡蛋对半切开，与黄瓜片、酸萝卜片一起放在面上。

4 再放入韩式辣椒酱、牛肉酱，食用时搅拌均匀即可。

烹饪时间
约 15 分钟

胡萝卜鸡肉饭

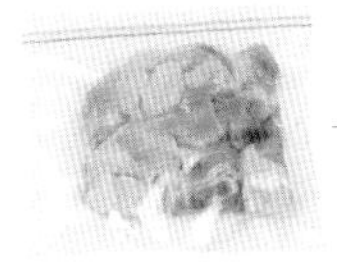

（见 P087）

冷冻鸡胸肉块 1 包

原料 / 1 人份

煮熟的米饭 150 克，冷冻鸡胸肉块 1 包，胡萝卜 50 克，红椒 20 克

调料

盐 5 克，鸡粉 8 克，橄榄油 20 毫升，黑胡椒粉适量

制作方法

1 将冷冻鸡胸肉块解冻；红椒洗净切圈；胡萝卜洗净切丝。

2 锅中注入适量清水，用大火烧开，放入鸡胸肉，稍煮一下，捞出，沥干水分，备用。

3 锅中注油烧热，放入红椒、胡萝卜翻炒片刻。

4 再放入米饭、鸡胸肉，续炒一会儿，加盐、鸡粉，撒入黑胡椒粉调味即可。

烹饪时间 约 15 分钟

POINT

鸡胸肉也可以在冷冻之前腌渍好或卤好，再装入冷冻保存袋，味道更佳且更省时。

香菇圆白菜鸡肉粥

原料 / 1 人份

冷冻鸡胸肉丝 1/2 包

鲜香菇 60 克

圆白菜 80 克

大米 100 克

姜丝、葱花各少许

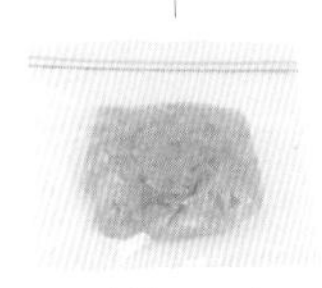

（见 P087）

调料

盐 3 克，鸡粉 3 克，干淀粉 2 克，胡椒粉 1 克，食用油适量

制作方法

1 将冷冻的鸡胸肉丝解冻；洗净的圆白菜切成丝；洗好的香菇切成丝。

2 把鸡肉丝装入碗中，放入盐、鸡粉、干淀粉、姜丝、食用油，拌匀。

3 砂锅中注水烧开，倒入洗好的大米，盖上盖，用小火煮 20 分钟。

4 揭盖，放入香菇、鸡肉丝，小火续煮 15 分钟，加入盐、鸡粉、圆白菜，煮片刻，再加入胡椒粉、葱花，拌匀即可。

烹饪时间 约 35 分钟

4
Menu

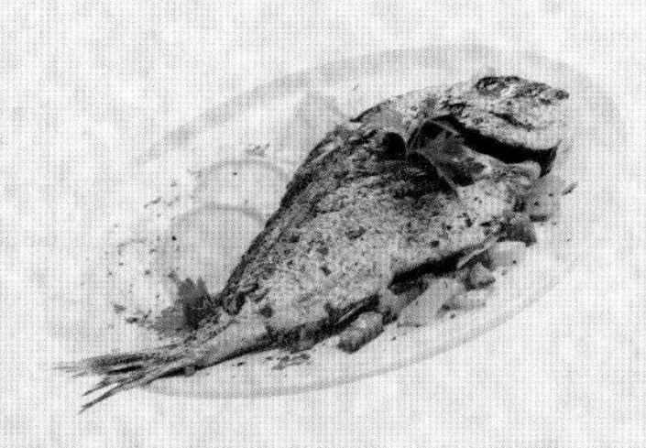

爱吃鱼的人的营养餐桌

这一周以“鲜掉眉毛”的鱼来开启一周的美味生活，让身为“喵星人”的朋友，享受福利满满的一周，搭配其他食材，增添营养，让鲜嫩易消化的鱼肉唤醒你的味蕾！

采购清单

主料
鸭肉
黑鱼
草鱼
土豆
洋葱
芹菜
莴笋
玉米
菜薹
圣女果
大白菜
香辛料
香菜
葱姜蒜
彩椒
灯笼泡椒
朝天椒
干辣椒
青椒
红椒
花椒
常备材料
鸡蛋
高汤
青梅
米饭
红枣
枸杞子
大头菜

[食材预处理及保存方法]

鸭肉

鸭肉能滋五脏之阴，清虚劳之热，补血行水，养胃生津，是餐桌上常见的肉类。

鸭肉块

1 将带骨鸭肉剁成块，洗净后擦干表面水分。

2 将切好的带骨鸭肉块包上保鲜膜。

3 放入冷冻保存袋冷冻保存。

鸭肉丁

1 将鸭肉切成条，再改切成丁。

2 将切好的鸭肉丁用保鲜膜包好。

3 放入冷冻保存袋中冷冻保存。

草鱼

草鱼肉质白嫩、韧性好、性温味甘，无毒，有补脾暖胃、补益气血、平肝祛风的作用，常食对身体大有益处。

草鱼块

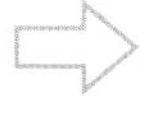

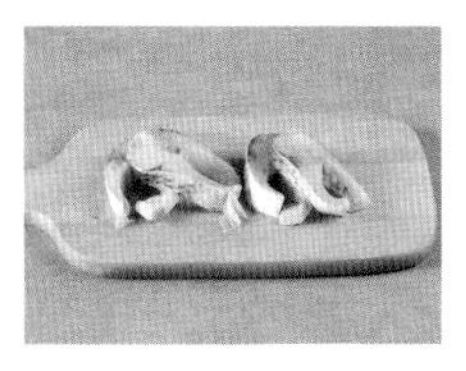

1 草鱼去鳞片、鱼鳃、内脏，洗净后，鱼肉分切成大块。

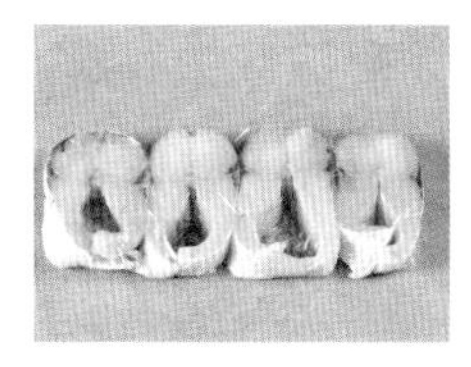

2 将切好的草鱼块用保鲜膜包好。

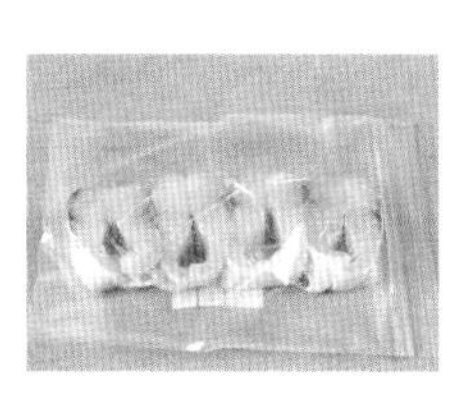

3 再放入冷冻保存袋保存。

草鱼丁

1 草鱼去鳞片、鱼鳃、内脏，洗净后，去骨，将鱼肉切丁丁块。

2 将切好的草鱼块用保鲜膜包好。

3 再放入冷冻保存袋保存。

草鱼片

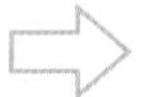

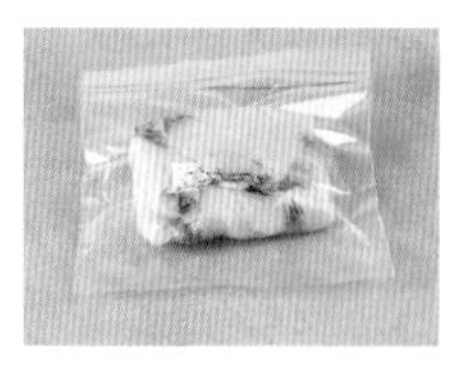

1 草鱼去鳞片、鱼鳃、内脏，洗净后，切成片。

2 将切好的草鱼片用保鲜膜包好。

3 再放入冷冻保存袋保存。

黑鱼

黑鱼虽然肉质较粗老，但很有营养，有祛风治疳、补脾益气、利水消肿的作用。

黑鱼丁

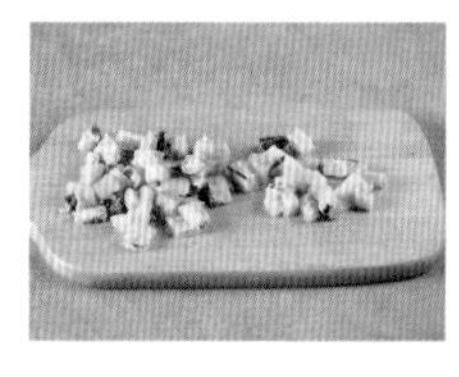

1 黑鱼去鳞片、鱼鳃、内脏，洗净后，去骨，将鱼肉切成丁块。

2 将切好的黑鱼丁用保鲜膜包好。

3 再放入冷冻保存袋保存。

黑鱼片

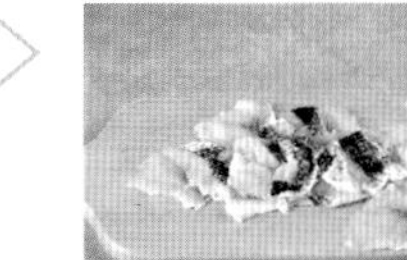

1 黑鱼去鳞片、鱼鳃、内脏，洗净后，去骨，将鱼肉再切成片。

2 将切好的黑鱼片用保鲜膜包好。

3 再放入冷冻保存袋保存。

黑鱼丝

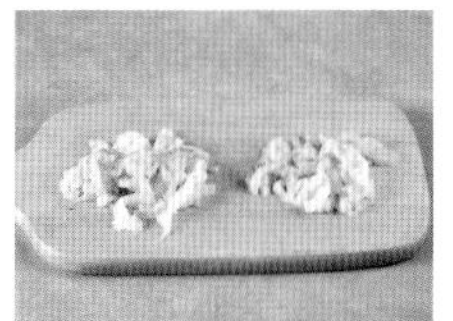

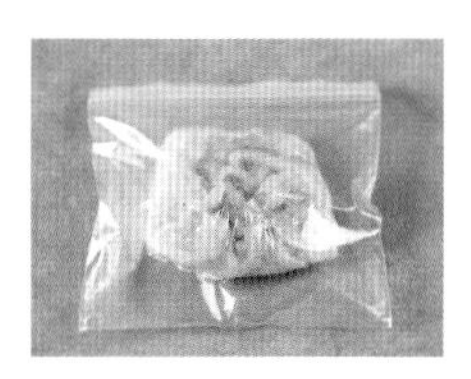

1 黑鱼去鳞片、鱼鳃、内脏，洗净后，去骨,将鱼肉切成丝。

2 将切好的黑鱼肉丝用保鲜膜包好。

3 再放入冷冻保存袋保存。

黑鱼头

1 去除鱼头中的鱼鳃，将鱼头冲洗干净，放入水中浸泡片刻，取出，擦干表面水分。

2 放入冷冻保存袋保存。

3 食用前从冰箱取出即可。

土豆

将土豆放入旧纸箱里，每层土豆之间放一些干的细土，放在阴凉通风处，这样就能防止土豆变干、腐烂和长芽。

洋葱

常温储存时，将洋葱放在箩筐里，上面盖芦席或旧布头，不让其见到阳光，可以储存 2 ~ 3 个月。

芹菜

将新鲜、整齐的芹菜捆好，用保鲜袋或保鲜膜将茎叶部分包严，然后将芹菜根部朝下竖直放入清水盆中，一周内不黄不蔫。

莴笋

将买来的莴笋放入盛有凉水的器皿内，一次可放几棵，水淹至莴笋主干 1/3 处，放置室内 3 ~ 5 天，叶子仍呈绿色，莴笋主干仍很新鲜，削皮后炒吃仍鲜嫩可口。

菜薹

可以将菜薹用保鲜袋装好，然后另外用袋子装些碎冰，最后用大袋子将二者装在一起，放进冰箱储存。

大白菜

刚买回的白菜，因水分较多，需晾晒 3 ～ 5 天。白菜外叶失去水分发蔫时，再撕去黄叶，在阴凉处按“菜头向外，菜叶向里”的方式堆码即可。

玉米

保存生玉米时需将外皮及须去除，清洗干净后擦干，用保鲜膜包起来，再放入冰箱中冷藏即可，可保存 2 天。

圣女果

将圣女果放进保鲜袋里，密封放进冰箱中，细菌不容易进入，可保存 2 ～ 3 天。

花样搭配

香辣莴笋丝

原料 / 2 人份

莴笋 340 克，红椒 35 克，蒜末少许

调料

盐 2 克，鸡粉 2 克，白糖 2 克，生抽 3 毫升，辣椒油、亚麻籽油各适量

制作方法

1 洗净去皮的莴笋切片，改切丝；洗净的红椒切段，切开，去籽，切成丝。

2 锅中注入清水烧开，放入盐、放入亚麻籽油、莴笋，拌匀，略煮，加入红椒，搅拌，煮至断生，把煮好的莴笋和红椒捞出，沥干水分。

3 将莴笋和红椒装入碗中，加入蒜末。

4 加入盐、鸡粉、白糖、生抽、辣椒油、亚麻籽油，拌匀，盛出即可。

烹饪时间
约 2 分钟

POINT

制作凉拌菜时，食材焯水的时间不宜过长，以免影响食材鲜嫩的口感。

多味土豆丝

原料 / 2 人份

土豆 300 克
干辣椒 3 个
花椒 10 粒
姜少许

调料

盐 2 克，白醋 5 毫升，白糖 10 克，食用油适量

制作方法

1 土豆去皮切丝，加盐拌匀；姜去皮切丝；干辣椒切丝。

2 热锅注油后放入花椒、干辣椒丝，炸香，再放入土豆丝，翻炒匀。

3 调入盐，淋入白醋，撒入白糖，炒匀即可。

烹饪时间 约 8 分钟

玉米拌洋葱

扫扫二维码
视频同步做美食

原料 / 1 人份

玉米粒 75 克

洋葱条 90 克

调料

盐 2 克，白糖少许，生抽 4 毫升，芝麻油适量，凉拌汁 25 毫升

制作方法

1 锅中注入适量清水烧开，倒入洗净的玉米粒，略煮一会儿，放入洋葱条，搅匀。

2 再煮一小会儿，至食材断生后捞出，沥干水分，待用。

3 取一大碗，倒入焯过水的食材，放入凉拌汁， 加入少许生抽、盐、白糖，淋入芝麻油。

4 搅拌至食材入味，将拌好的菜肴盛入盘中，摆好盘即成。

烹饪时间
约 5 分钟

醋熘辣白菜

原料 / 3 人份

大白菜 250 克

干辣椒适量

红椒片 20 克

蒜末 2 克

调料

盐 2 克，白糖、鸡粉各少许，陈醋 10 毫升，食用油适量

制作方法

1 将洗净的白菜对半切开，用斜刀切小块，备用。

2 用油起锅，放入蒜末、干辣椒，爆香，放入红椒片，略炒一会儿，倒入切好的白菜梗，用大火快炒，至其变软。

3 放入白菜叶，炒匀，注入少许清水，炒至白菜熟软，加入少许盐、白糖、鸡粉、陈醋，炒至食材入味即成。

烹饪时间 约 10 分钟

蒜蓉菜薹

扫扫二维码
视频同步做美食

原料 / 2 人份

菜薹 400 克

高汤适量

蒜蓉 30 克

调料

盐 3 克，水淀粉 10 毫升，味精、白糖各 3 克，料酒、食用油各适量

制作方法

1 将菜薹洗净，修齐整。

2 锅中注水烧开，加入少许盐、食用油，放入菜薹，焯水至熟，捞出。

3 炒锅注油烧热，放入蒜蓉煸炒香。

4 加入盐、味精、白糖、料酒，炒匀，用水淀粉勾芡，起锅倒在菜心上即可。

烹饪时间
约 3 分钟

泡椒炒鸭肉

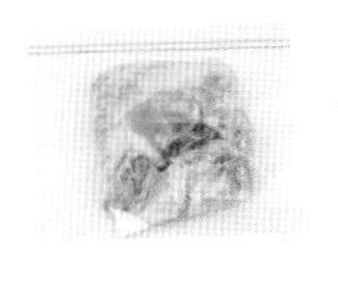

冷冻鸭肉块 1 包

(见 P125)

原料 / 1 人份

冷冻鸭肉块 1 包，灯笼泡椒 60 克，泡小米椒 40 克，姜片、蒜末、葱段各少许

调料

豆瓣酱 10 克，盐 3 克，鸡粉 2 克，生抽少许，料酒 5 毫升，水淀粉、食用油各适量

制作方法

1 将冷冻鸭肉块解冻；灯笼泡椒切小块；泡小米椒切小段；鸭肉块中加入生抽、盐、鸡粉、料酒、水淀粉，拌匀腌渍。

2 锅中注水烧开，倒入鸭肉块，汆熟后捞出。

3 用油起锅，放入鸭肉块、蒜末、姜片，翻炒匀，放入料酒、生抽、泡小米椒、灯笼泡椒、豆瓣酱、鸡粉。

4 注入清水，用中火焖煮 3 分钟，淋上水淀粉勾芡，关火后盛出锅中的食材，放在盘中，撒上葱段即成。

烹饪时间 约 6 分钟

POINT

将切好的灯笼泡椒和泡小米椒浸入清水中泡一会儿再使用，辛辣的味道会减轻一些。

生焖鸭

原料 / 1 人份

冷冻鸭肉块 1 包
红椒 70 克
香菜适量
葱段适量
姜片少许
蒜头 40 克

（见 P125）

调料

盐、鸡粉各 2 克，豆瓣酱 30 克，老抽、水淀粉各 5 毫升，食用油适量

制作方法

1 将冷冻鸭肉块解冻；洗净的蒜头对半切开；洗净的红椒去籽，切块，待用。

2 热锅注油烧热，倒入鸭肉块、姜片、蒜头、豆瓣酱、葱段，爆香。

3 注入清水，撒上盐，大火煮开后转小火焖 30 分钟，揭盖，倒入红椒。

4 淋上老抽，加入鸡粉，炒匀入味，用水淀粉勾芡，盛入盘中，摆上香菜即可。

POINT

鸭肉可提前汆煮一会儿，这样可去除鸭肉的腥味。

芹香鸭丁

原料 / 2 人份

冷冻鸭肉丁 2 包
芹菜 150 克
红椒少许
姜末少许
蒜末适量

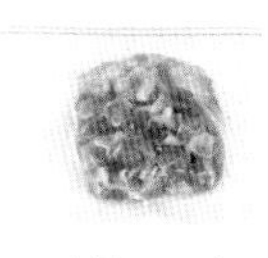
（见 P125）

调料

盐 3 克，鸡粉 3 克，豆瓣酱 20 克，生抽 3 毫升，料酒 10 毫升，辣椒油 5 毫升，食用油适量

烹饪时间 约 15 分钟

制作方法

1 将冷冻的鸭肉丁解冻；洗净的红椒切成圈；芹菜洗净切段。

2 鸭丁中放入盐、鸡粉、生抽、料酒拌匀，腌渍。

3 用油起锅，倒入红椒圈爆香，放入鸭肉，炒出油，加入姜末、蒜末，炒香，放入豆瓣酱，翻炒均匀。

4 放入盐、鸡粉、辣椒油，炒匀，盛出，装入盘中即可。

POINT

若选用的鸭肉较肥，炒出的油就会比较多，所以，应该中途去掉部分油再继续炒制。

青梅汶鸭

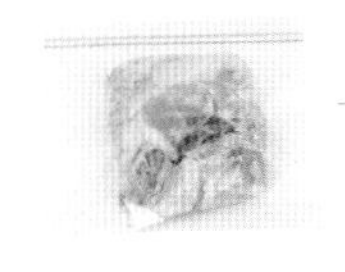

（见 P125）

冷冻鸭肉块 2 包

原料 / 2 人份

冷冻鸭肉块 2 包，土豆 160 克，青梅 80 克，洋葱 60 克，香菜适量

调料

盐 2 克，番茄酱适量，料酒、食用油各适量

制作方法

1 冷冻鸭肉块解冻；洗净去皮的土豆切块；洋葱洗净切片；青梅洗净去头尾。

2 锅中注入清水烧开，倒入鸭肉块，煮 2 分钟，氽去血渍，捞出。

3 用油起锅，倒入鸭肉，炒匀，放入切好的洋葱，炒匀，加入番茄酱，炒香。

4 注入清水，倒入切好的青梅、土豆，加入盐，拌匀调味，用小火续煮 30 分钟，盛出炒好的菜肴，放上适量香菜即可。

POINT

将洋葱对半切开，放入凉水中泡一会儿再切，就不会刺激眼睛了。

莴笋玉米鸭丁

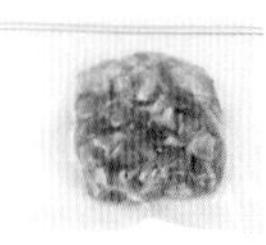

冷冻鸭肉丁 1 包

（见 P125）

原料 / 2 人份

冷冻鸭肉丁 1 包，莴笋丁 150 克，玉米粒 90 克，彩椒块 50 克，蒜末、葱段各少许

调料

盐、鸡粉各 3 克，料酒 4 毫升，生抽 6 毫升，水淀粉、芝麻油、食用油各适量

制作方法

1 将冷冻鸭肉丁解冻；鸭肉丁中加入少许盐、适量料酒、生抽，腌渍。

2 锅中注水烧开，加入少许盐、食用油及备好的莴笋丁、玉米粒、彩椒块，煮约1分钟，捞出。

3 用油起锅，倒入鸭肉丁，用中火翻炒至松散，淋入少许生抽、料酒，炒匀，倒入蒜末、葱段，炒香。

4 放入焯过水的食材，用大火翻炒一会儿，至其变软，转中火，加入少许盐、鸡粉，炒匀调味，再倒入少许水淀粉勾芡，淋入适量芝麻油，快速炒匀，至食材熟透、入味即成。

烹饪时间
约5分钟

POINT

玉米含有蛋白质、糖类、钙、磷、铁、硒、胡萝卜素、维生素E等营养成分，有开胃益智、宁心活血、调理中气等功效。

菜薹炒鱼片

原料 / 1 人份

冷冻草鱼片 1 包
菜薹 200 克
彩椒 40 克
红椒 20 克
姜片、葱段各少许

（见 P126）

调料

盐 3 克，鸡粉 2 克，料酒 5 毫升，
水淀粉、食用油各适量

制作方法

1 菜薹洗净切去根部和叶子；红椒、彩椒均洗净切小块。

2 将冷冻草鱼片解冻，加盐、鸡粉、水淀粉、食用油腌渍；沸水锅中加盐、食用油，倒菜薹煮至断生后捞出。

3 热锅注油烧热，倒入草鱼片滑油至变色后捞出；锅留油，爆香姜片、葱段、红椒、彩椒。

4 放入草鱼片、料酒、鸡粉、盐、水淀粉炒入味，盛出放在盛有菜薹的盘中即可。

烹饪时间
约 2 分钟

大头菜炒草鱼

原料 / 1 人份

冷冻草鱼块 1 包
大头菜 100 克
姜丝、葱花各少许

（见 P125）

调料

盐 2 克，生抽 3 毫升，料酒 5 毫升，水淀粉、食用油各适量

制作方法

1 将冷冻草鱼块解冻；大头菜洗净切片，再用斜刀切菱形块。

2 煎锅置火上，淋入少许食用油烧热，撒上姜丝，爆香。

3 放入鱼块，小火煎至两面断生，放入大头菜，炒匀，淋入料酒。

4 注水，加入生抽、盐，中火煮约 3 分钟至熟透，倒入水淀粉，炒至汤汁收浓，撒上葱花炒匀即可。

烹饪时间
约 6 分钟

青椒兜鱼柳

原料 / 1 人份

冷冻草鱼片 1 包
青椒 70 克
红彩椒 5 克

（见 P126）

调料

盐 2 克，鸡粉 3 克，水淀粉、胡椒粉、料酒、食用油各适量

烹饪时间
约 5 分钟

制作方法

1 洗净的青椒横刀切开，去籽，切小块；洗好的红甜椒切小块。

2 将冷冻草鱼片解冻，放入碗中，淋入料酒，加入水淀粉、鸡粉，拌匀腌渍。

3 用油起锅，炒香青椒、红彩椒，倒入草鱼片，翻炒约 3 分钟至熟。

4 加入盐、胡椒粉、水淀粉，翻炒约 1 分钟至入味，盛出装入盘中即可。

POINT

草鱼片含有蛋白质、脂肪酸、B 族维生素、铜、钙、磷、铁等营养成分，可以增强免疫力。

豉汁蒸鱼块

原料 / 2 人份

冷冻草鱼块 2 包
青椒 40 克
红椒 45 克
姜末少许
蒜末、葱花各适量

（见 P125）

调料

豆豉 60 克，盐、鸡粉各 2 克，料酒、生抽各 5 毫升，食用油适量

烹饪时间 约 13 分钟

制作方法

1 将冷冻草鱼块解冻；洗净的红椒、青椒均去籽，切成丁。

2 取碗，放入豆豉、姜末、蒜末、青椒丁、红椒丁、盐、料酒、生抽、鸡粉，拌匀，倒在鱼块上。

3 蒸锅中注入清水烧开，放入草鱼，中火蒸 10 分钟至熟，取出，撒上葱花。

4 用油起锅，注入适量食用油，烧至七成热，关火，盛出烧好的油，淋在草鱼上即可。

POINT

要把鱼身上的水擦干，这样蒸的时候口感更好。

啤酒炖草鱼

（见 P125）

冷冻草鱼块 2 包

原料 / 2 人份

冷冻草鱼块 2 包，啤酒 200 毫升，圣女果 90 克，青椒 75 克，蒜片、姜片各少许

调料

葵花籽油适量，盐 3 克，鸡粉 3 克，白糖 3 克，料酒 10 毫升，生抽 10 毫升，水淀粉 10 毫升，胡椒粉少许

制作方法

1 圣女果洗净对半切开；青椒洗净切圈；将冷冻草鱼块解冻，加盐、料酒、胡椒粉腌渍。

2 锅内注油烧热，放入鱼肉，煎出香味，放入姜片、蒜片，爆香。

3 加料酒、生抽、啤酒、盐，焖 5 分钟，放入青椒圈、鸡粉、白糖、圣女果。

4 加盖，再焖 2 分钟，揭盖，放水淀粉勾芡，加葵花籽油炒匀即可。

烹饪时间
约 12 分钟

POINT

焖鱼肉的时间不宜过长，且在焖熟前不要揭盖，这样才能焖出肉质鲜嫩的鱼肉。

脆椒鱼丁

扫扫二维码
视频同步做美食

原料 / 1 人份

冷冻黑鱼丁 2 包

干辣椒圈 20 克

葱花 15 克

姜末、蒜末、香菜叶各适量

（见 P126）

调料

盐 3 克，鸡粉 2 克，干淀粉 15 克，生抽 5 毫升，料酒 5 毫升，白糖 2 克，食用油适量

制作方法

1 将冷冻黑鱼丁解冻，加入干淀粉、盐、鸡粉、生抽拌匀。

2 锅中注油烧热，放入黑鱼丁，炸脆后捞出，备用。

3 锅中注油烧热，放入姜末、蒜末、干辣椒圈，爆香，放入鱼丁炒匀。

4 烹入料酒，放入盐、白糖、鸡粉调味，撒上葱花炒匀，装盘，放上香菜叶点缀即可。

烹饪时间
约 8 分钟

滑炒黑鱼丝

原料 / 1 人份

冷冻黑鱼肉丝 1 包

香菜段适量

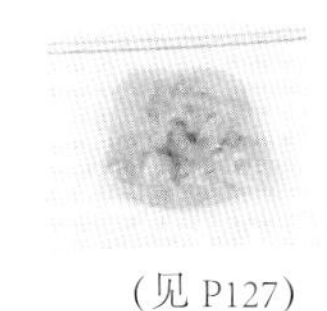

（见 P127）

调料

盐 2 克，味精、料酒、胡椒粉、干淀粉、食用油各适量

制作方法

1 将冷冻黑鱼肉丝解冻，加入盐、料酒和干淀粉腌渍，上浆。

2 锅置火上，倒入适量食用油，将鱼丝滑熟，倒出。

3 油锅烧热，放入鱼丝，烹入料酒，放香菜段，炒匀。

4 再加盐、味精、料酒和胡椒粉调味炒匀，出锅即可。

烹饪时间 约 6 分钟

芙蓉黑鱼片

原料 / 2 人份

冷冻黑鱼片 1 包
鸡蛋 2 个
朝天椒圈适量

（见 P127）

调料

盐 3 克，鸡粉 2 克，干淀粉 15 克，
蒸鱼豉油 10 毫升

制作方法

1 将冷冻黑鱼片解冻，加入少许盐、鸡粉、干淀粉，挂浆。

2 鸡蛋打散，加入盐，冲入适量清水搅匀，封上保鲜膜，放入烧开的蒸锅中，蒸 6 分钟取出。

3 放上处理好的鱼片，撒上朝天椒圈，淋上豉油汁，再蒸 5 分钟即成。

烹饪时间
约 12 分钟

糖醋黑鱼片

原料 / 1 人份

冷冻黑鱼片 1 包
鸡蛋 1 个
葱丝少许

（见 P127）

调料

盐 2 克，白糖 10 克，白醋 15 毫升，干淀粉 15 克，番茄酱 30 克，水淀粉、食用油各适量

制作方法

1 将冷冻黑鱼片解冻；把鸡蛋打入碗中，放入盐、干淀粉，拌匀，注入清水，拌匀。

2 将黑鱼放入拌好的鸡蛋液中挂浆，再放入烧热的油锅中，炸熟后捞出。

3 锅中放入少许清水，加入少许盐、白糖、白醋，拌匀，倒入番茄酱、水淀粉，调成稠汁。

4 将稠汁浇在鱼片上，点缀上葱丝即可食用。

烹饪时间
约 6 分钟

玉米煲老鸭汤

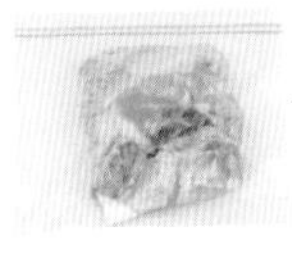

（见 P125）

冷冻鸭肉块 2 包

原料 / 2 人份

玉米段 100 克，冷冻鸭肉块 2 包，红枣、枸杞子、姜片各少许，高汤适量

调料

鸡粉 2 克，盐 2 克

制作方法

1 锅中注水烧开，放入解冻的鸭肉，搅拌匀，煮2分钟，汆去血水，从锅中捞出鸭肉后过冷水，盛入盘中备用。

2 另起锅，注入适量高汤烧开，加入备好的鸭肉、玉米段、红枣、姜片，拌匀。

3 盖上锅盖，用大火煮开后调至中火，炖3小时至食材熟透。

4 揭开锅盖，放入枸杞子，拌匀，加入少许鸡粉、盐，搅拌至食材入味，再煮5分钟即可。

烹饪时间 约190分钟

扫扫二维码
视频同步做美食

POINT

玉米所含的维生素E有促进细胞分裂、延缓衰老、降低血清胆固醇、防止皮肤病变的功效。

大白菜老鸭汤

扫扫二维码
视频同步做美食

原料 / 1 人份

冷冻鸭肉块 1 包
白菜段 300 克
高汤适量
姜片、枸杞子各少许

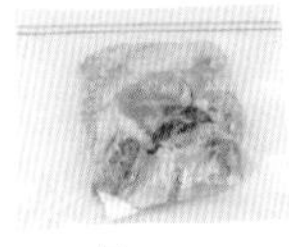

（见 P125）

调料

盐 2 克

制作方法

1 锅中注水烧开，放入鸭肉，煮 2 分钟，氽去血水，捞出鸭肉，盛入盘中。

2 另起锅，注入高汤烧开，加入鸭肉、姜片，炖 1.5 小时使鸭肉煮透。

3 倒入备好的白菜段、枸杞子，搅拌均匀，续煮 30 分钟。

4 加入适量盐，拌至食材入味，将煮好的汤料盛出即可。

烹饪时间
约 125 分钟

红枣鱼头汤

原料 / 1 人份

冷冻黑鱼头 1 个

红枣 4 颗

枸杞子 5 克

（见 P127）

调料

盐 3 克，味精 3 克

制作方法

1 将冷冻的黑鱼头解冻，洗净，沥水备用。

2 红枣泡发洗净；枸杞子泡发后去杂洗净。

3 将鱼头、红枣、枸杞子一起放入汤盅内，加入开水，上笼蒸熟。

4 取出，调入盐、味精，拌匀即可食用。

鸭肉蒸饭

原料 / 2 人份

冷冻鸭肉块 1 包

大米 150 克

大葱段适量

葱末适量

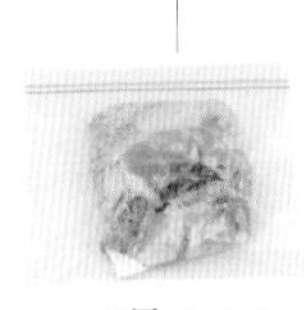

（见 P125）

调料

盐 2 克，味精、白糖、食用油各适量

制作方法

1 将冷冻鸭肉块解冻，加入少许盐、食用油腌渍。

2 锅中注油烧热，放入大葱段，煸炒，将油沥出即成葱油；锅中再放入鸭肉，煎至金黄，盛出，切成小块。

3 在砂锅中放入淘好的大米，加盐、味精、白糖、食用油和适量水，开火焖 20 分钟。

4 将煎好的鸭肉放于焖好的米饭上，淋上葱油，撒上葱末，再焖几分钟即可。

烹饪时间 约 25 分钟

草鱼丁炒饭

扫扫二维码
视频同步做美食

原料 / 1 人份

冷冻草鱼丁 1 包
鸡蛋 1 个
熟米饭 250 克
葱花适量

（见 P126）

调料

盐 3 克，干淀粉 20 克，食用油适量

制作方法

1 将冷冻草鱼丁解冻，加入少许盐、干淀粉，拌匀；鸡蛋打散成蛋液。

2 锅中注油烧热，放入蛋液，煎片刻，炒散，盛出。

3 锅中注油烧热，放入草鱼丁，煎至鱼丁表面微黄，盛出。

4 锅中注油烧热，放入熟米饭，炒至松散，放入鸡蛋、煎好的草鱼丁，翻炒匀，加入盐、葱花炒匀即可。

烹饪时间
约 5 分钟

姜丝鸭肉粥

原料 / 2 人份

冷冻鸭肉块 1 包

大米 150 克

姜丝、葱花各少许

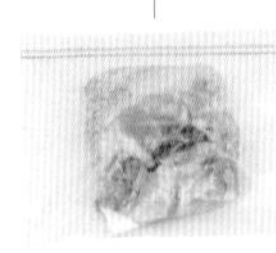

（见 P125）

调料

盐 3 克，鸡粉 2 克，胡椒粉少许，芝麻油 2 毫升，食用油少许

制作方法

1 将冷冻鸭肉块解冻。

2 砂锅中注水烧开，倒入洗净的大米，拌匀，加少许食用油，盖上盖，煮 30 分钟。

3 揭盖，下入少许姜丝，倒入鸭块，拌匀，用小火煮 15 分钟至食材熟透。

4 放入适量盐、鸡粉、胡椒粉、芝麻油，拌匀，装入汤碗中，撒入少许葱花即可。

烹饪时间 约 47 分钟